Jorge Luis Chinchilla Valverde

Breve recorrido histórico del concepto de número

Jorge Luis Chinchilla Valverde

Breve recorrido histórico del concepto de número

La Importancia de la Historia del Número para Profesores de Educación Secundaria

Editorial Académica Española

Imprint

Any brand names and product names mentioned in this book are subject to trademark, brand or patent protection and are trademarks or registered trademarks of their respective holders. The use of brand names, product names, common names, trade names, product descriptions etc. even without a particular marking in this work is in no way to be construed to mean that such names may be regarded as unrestricted in respect of trademark and brand protection legislation and could thus be used by anyone.

Cover image: www.ingimage.com

Publisher:
Editorial Académica Española
is a trademark of
Dodo Books Indian Ocean Ltd. and OmniScriptum S.R.L publishing group

120 High Road, East Finchley, London, N2 9ED, United Kingdom
Str. Armeneasca 28/1, office 1, Chisinau MD-2012, Republic of Moldova, Europe
Printed at: see last page
ISBN: 978-613-9-43493-0

Breve recorrido histórico del concepto de número

La Importancia de la Historia del Número para Profesores de Educación Secundaria

Jorge Luis Chinchilla Valverde

Costa Rica, 7 de septiembre de 2024

Índice general

Índice de figuras

Agradecimientos

Alexander, Diana y Claudio, mi agradecimiento profundo.

A Edwin Castro, por su aporte, sus conocimientos. Un gran amigo y gran profesor. Sin su apoyo, este trabajo no hubiera sido posible.

Resumen

El propósito de este trabajo es realizar un breve recorrido histórico por diferentes momentos de la antigüedad, donde se dio la necesidad de desarrollar estrategias y soluciones que permitieran a las personas de esa época crear o asimilar la noción de número.

Este estudio cubre desde las primitivas estrategias del hombre por intentar realizar un conteo, lo que podría equivaler a un registro numérico desde la prehistoria; desde el pensamiento de civilizaciones antiguas como Mesopotamia y Egipto hasta los desarrollos matemáticos más avanzados en Grecia y Roma.

Examinaremos cómo diferentes culturas han respondido a los desafíos de cuantificar y representar cantidades y cómo sus métodos numéricos y notaciones han evolucionado con el tiempo. Además, se analizará el impacto de estas innovaciones en el desarrollo de los negocios, la astronomía, la arquitectura y otras áreas importantes de la vida diaria y el conocimiento humano. Se espera ofrecer una visión integral de cómo el concepto digital ha sido esencial para el progreso de la civilización y cómo su comprensión y uso han sido cruciales para el desarrollo de la ciencia y la tecnología a lo largo de la historia. El tema de los números irracionales presenta un grado de dificultad en secundaria, donde diferentes investigadores como Sirotic & Zazkis (2004) muestran que dicho tema no es de fácil asimilación por parte de los estudiantes, e inclusive algunos docentes de matemática carecen de claridad en el concepto del mismo. POr ello, se expondrá de forma breve algunas nociones muy básicas de algunos números irracionales presentes en las civilizaciones expuestas anteriormente. A saber:

- Antiguo Egipto

- Antigua Babilonia

- Antigua Grecia.

- Antigua Roma

- Antigua China.

Introducción

En educación primaria y secundaria, el proceso de enseñanza de los números se encuadra dentro de un único conocimiento numérico, que busca un hilo conductor que lo unifique y lo haga homogéneo. Al respecto, en el caso de Costa Rica, se hace necesario conectar los distintos conjuntos que se contemplan en los programas de estudio de Matemática del Ministerio de Educación, de tal forma que los estudiantes logren construir al final de su proceso, un conocimiento del conjunto de los números reales.

En este sentido, los estudiantes al ingresar al nivel inicial, entran en un proceso que procura fortalecer las nociones fundamentales del conjunto de los números naturales, el cual no es nuevo para ellos: los niños conocen números naturales, que aprenden en su familia o comunidad. En primaria, los escolares trabajan los números naturales en forma concreta los primeros años, utilizando objetos para contar y resolver operaciones; y luego amplían su conocimiento generalizando y resolviendo problemas escritos sobre situaciones supuestas.

Resulta claro que en los números naturales, dados dos números a y b, su suma: $a + b$, es otro número natural y su producto: $a \cdot b$, también lo es, sin embargo, aunque en este conjunto se pueden realizar otras dos operaciones, la resta y la división, en algunos casos el resultado de restar o de dividir dos números naturales no siempre es un número natural.

Lo anterior induce a la necesidad de estudiar otro conjunto numérico: los números enteros. Esto significa la necesidad de ampliar un sistema numérico que los estudiantes ya conocen. Si bien el concepto de número negativo es nuevo para ellos, a su edad (11-

12 años en promedio), no resulta tampoco lejano a su conocimiento, pues ya conocen situaciones que permitan relacionarse con estos números mediante contextos que involucren escenarios de su entorno, como el caso de problemas específicos de pérdidas y ganancias, para citar un ejemplo clásico. Este nuevo conjunto que se forma se denomina Conjunto de los Números Enteros y se le denota con el símbolo $\mathbb{Z}$.

De manera similar, desde primaria, los estudiantes, de una forma intuitiva, dan sus primeros pasos en el estudio de los números racionales cuando trabajan con fracciones positivas y con su notación decimal. Esto les permite tener los conocimientos previos para el estudio de este conjunto, y nuevamente por situaciones asociadas con su entorno, podrán establecer los elementos que lo conforman, su respectiva notación y algunas características que presentan los tres conjuntos en estudio: $\mathbb{N}$, $\mathbb{Z}$ y $\mathbb{Q}$.

Para los estudiantes, asimilar estos tres conjuntos representa un reto que lo deberían afrontar de una manera natural, asociándolos con situaciones comunes para ellos. Sin embargo, esta tendencia basada en lo concreto presenta serias dificultades con el inicio del estudio de los números irracionales. El docente varía la forma de enseñar este nuevo conjunto de números a sus estudiantes, pasa de situaciones concretas a un concepto abstracto, en algunos casos desligado de cualquier realidad cotidiana, lo cual genera en el estudiante un obstáculo epistemológico y por ende una ruptura en su percepción del concepto de número. No obstante, el aprendizaje de este contenido debería permitir a los estudiantes hacer una «diferenciación» entre los números racionales y los irracionales, lo cual es esencial para la construcción del concepto de número real.

Así pues, el conocer cómo antiguas civilizaciones como Mesopotamia y Egipto desarrollaron sistemas numéricos básicos, proporciona una base sólida sobre el origen y la evolución de los números. Esta perspectiva histórica ayuda a los estudiantes a apreciar la importancia del concepto de número en su entorno y en el desarrollo del conocimiento humano. Además, aprender sobre los avances matemáticos en Grecia y Roma, donde se formalizaron conceptos clave, permite a los estudiantes reconocer la continuidad y el progreso en el campo de las matemáticas.

Al estudiar la historia de los números, tanto alumnos como docentes en un salón de clases pueden analizar cómo las ideas matemáticas se han refinado y expandido a lo largo del tiempo. Esta comprensión histórica enriquece su aprendizaje de los números enteros, racionales e inclusive irracionales, al mostrarles cómo estos conceptos se han utilizado y desarrollado para resolver problemas reales. Al mismo tiempo, les proporciona una perspectiva más amplia y una mayor apreciación por el trabajo de matemáticos anteriores, fomentando una actitud más positiva y curiosa hacia las matemáticas. Conocer el origen y la evolución de los números también ayuda a los estudiantes a visualizar las matemáticas no solo como un conjunto de reglas abstractas, sino como una disciplina viva y en constante evolución.

Por ello, el presente material se enfoca en conocer y analizar diferentes situaciones históricas que involucran el desarrollo evolutivo del concepto de número y en particular, analizar algunos elementos que llevaron a la conformación del concepto y tratamiento del número irracional, visto desde una óptica propia de la época y cultura mostrada; todo esto con el fin de buscar herramientas didácticas que permitan el aprendizaje del mismo.

¿Por qué el interés en la historia de los números?

Como se indicó previamente, en secundaria, por lo general la enseñanza de los números reales se lleva a cabo en torno al estudio de los subconjuntos que lo conforman: números naturales, números enteros, números racionales e irracionales, para finalmente lograr obtener el conjunto de los números reales. Es así como, desde el salón de clase, los alumnos, mediante sus procesos de construcción cognitiva, van edificando en sucesivos momentos de su aprendizaje, el concepto de número real.

Ahora bien, a pesar de que esta construcción se realiza de manera paulatina, desde la escuela hasta el momento de iniciar con este conjunto numérico, cabe preguntarse qué grado de comprensión alcanzan los alumnos del concepto de número real. Como docentes de matemática, la experiencia personal nos ha permitido observar que en el mejor de los casos, muchos de los alumnos manipulan las operaciones con números reales de forma mecánica, recitan las propiedades y características de este conjunto; pero no le encuentran aplicación y significado a los mismos. Aunado a lo anterior, Zazkis y Sirotic (2010) señalan que tanto estudiantes como docentes presentan problemas en reconocer los números racionales como irracionales. En este sentido, ambas autoras indican que "una de las fuentes de confusión entre los números racionales e irracionales es el uso común de la aproximación racional a la irracional" (p.1).

Aunado con lo anterior, Crespo (2008) coincide con esta apreciación, al señalar que: "muchas veces los docentes creemos que estos números han sido construidos apropiadamente, sin embargo emergen en oportunidades indicios que muestran que los números irracionales no son correctamente construidos. La irracionalidad de algunos números reales es un concepto que muchas veces carece de significado para los estudiantes (p. 1)". Lo anterior conduce a que con frecuencia estos mismos estudiantes no le encuentran sentido al trabajo que desarrollan en el salón de clase de Matemática. De hecho, no resulta extraño afirmar que el conocimiento matemático presentado en las escuelas y centros educativos, en ocasiones no se percibe como una actividad social, al contrario, se presenta como conceptos completos cuyo camino de aprendizaje es a través de la instrumentalización de la memoria, se da por sentado los resultados, dejando de lado las necesidades, la construcción histórica de los mismos.

Por su parte, Caicedo & Madrigal (2017) atribuyen en gran medida el desgano y apatía de los estudiantes a los métodos de enseñanza tradicionales; y la forma en que se enseñan los conceptos matemáticos en el aula. Se puede decir que esta forma de enseñar matemáticas crea desconocimiento y confusión entre los estudiantes, por lo que la consideran una ciencia "fría" y sólo como algo indispensable de aprender para la evaluación, porque no crea en ellos motivación y significado.

Ahora bien , esta ausencia de significado que tienen los estudiantes en los números racionales e irracionales es susceptible de incrementarse, por ejemplo, muchos docentes presentan serios inconvenientes en el dominio y manejo del concepto de número irracional. Así lo constatan Sirotic y Zazkis (2007) al indicar que gran cantidad de profesores de matemática en secundaria, carecen del claro conocimiento de lo que es en realidad un número irracional, delimitándolo simplemente a la característica particular de su expansión decimal infinita no periódica, en contraste con los números racionales. Así pues, no es difícil pensar que algunos estudiantes tienen una base conceptual débil en la construcción de estructuras de conjuntos numéricos, que involucran números irracionales y en la construcción del pensamiento numérico. Además del significado, también es importante observar la estructura del pensamiento numérico, comparaciones, estimaciones, órdenes de magnitud, etc. Los aspectos básicos no se tienen en cuenta en los estudios.

Es necesario destacar que desde una perspectiva evolutiva, conceptual e histórica, la enseñanza y el aprendizaje de las matemáticas es un elemento cultural y antropológico que incluye tanto la visión del docente sobre la dimensión humana como los intereses de las personas a lo largo del tiempo; comprender y desarrollar en base a lo que te interesa aprender. Siguiendo en caso del conjunto de los irracionales, encontramos en Sirotic y Zazkis (2007) resultados obtenidos ya hace varias décadas atrás por Arcavi, Bruckheimer y Ben-Zvi (1987), donde se expone el hecho que a veces son sorprendentes las deficiencias de los estudiantes de la especialidad de Matemática y profesores de Matemática en la comprensión del número irracional. Se señala que hay serias deficiencias en la parte conceptual, lo que genera ideas vagas, incoherentes y fragmentarias. Estos autores afirman que las causas que han provocado esta problemática es la presentación del número irracional en los libros de textos en conexión con muy pocos ejemplos como el número π o las raíces cuadradas de los números 2 ó 3. Dichas debilidades nos deben hacer reflexionar, analizar y estudiar sobre la enseñanza y aprendizaje de número, en particular del número irracional.

Estos investigadores reportan varios hallazgos en el conocimiento de docentes, las concepciones, y/o ideas falsas sobre los números irracionales. Uno de los descubrimientos más sorprendentes de su estudio es que hay una creencia generalizada entre los profesores que la irracionalidad se basa en decimales. Sirotic y Zazkis (2007, p.1).

Podemos por tanto destacar que los inconvenientes mencionados anteriormente dificultan la comprensión, el aprendizaje y el desarrollo del pensamiento numérico, especialmente el pensamiento relacionado con los números irracionales. Todo esto requiere recomendaciones de enseñanza alternativas, por ejemplo aquellas basadas en desarrollos históricos, así como un uso crítico de los nuevos recursos tecnológicos para profesores y estudiantes. Esto nos permitirá construir coherentemente las extensiones de conjuntos numéricos previamente expuestos, en particular el conjunto de números irracionales. Aprender de manera crítica y analítica con los estudiantes puede conducir a un crecimiento lógico y una madurez que no se puede lograr mediante el aprendizaje de memoria. La madurez permite comprender los conceptos formales de definición de irracionalidad y al mismo tiempo ser consciente de las dificultades y problemas derivados de los procesos históricos que dieron precisamente origen a este concepto, pero sobre todo adaptar algunas ideas a la visión de la escuela de mejorar la enseñanza tradicional en nuestros salones de clase.

Es importante tener en consideración que el concepto de número irracional está íntimamente ligado al de racional. De hecho, podría decirse que una manera de "acercarse" a un número irracional es aproximarlo por números racionales. No obstante, la construcción mecánica de contenidos aritméticos y algebraicos presente en muchos estudiantes, limita la posibilidad de ver estos temas y a la misma matemática como una disciplina rica en significado y sentido, por el contrario, la visualizan como una colección de símbolos, reglas y procedimientos aplicados de forma mecánica y carente de significado para el propio aprendiz.

Esta perspectiva es producto del tipo de actividades que se desarrollan en el aula, que no propician la construcción de significados de los conceptos matemáticos que están presentes en la noción de número irracional. Por lo tanto, la ausencia de significado anteriormente mencionado, conlleva en ocasiones a que el concepto de irracionalidad sea un concepto difícil de asimilar y carente de sentido dentro de un texto cercano al educando; por lo que se hace esencial una atención cuidadosa a la didáctica para un apropiado desarrollo del concepto.

Esta situación hace imprescindible la creación de contextos educativos que permitan desarrollar en mayor medida el significado conceptual que está inmerso en el número irracional, lo cual permitirá una construcción más sólida del mismo. Así lo afirma Crespo (2008) al indicar:

El concepto de número real y en particular de número irracional no puede construirse por medio de un enfoque que demande de los estudiantes únicamente un entendimiento superficial de algunos puntos aislados, como podría ser la asimilación de reglas para la lectura, escritura y las operaciones con estos números .

(p: 28)

Ahora bien, la carencia de contextos educativos o estrategias didácticas más significativas para los estudiantes se agudiza cuando los docentes conocen poco sobre la presencia de los números racionales e irracionales en diferentes situaciones cotidianas, de las cuales surgen las razones de ser de dicho tema.

Considerando los aspectos ya señalados, rescatamos el uso de la historia de las matemáticas como herramienta didáctica. En este sentido, Arcavi, Bruckheimer y Ben-Zvi (1987, citados por Sirotic y Zazkis, 2007) señalan que los orígenes históricos de los irracionales y sus conexiones con su conocimiento ayudará al profesor, y al alumno, a entender este conjunto como una actividad que forma parte de la cultura de los pueblos de manera cambiante de acuerdo con las creencias y necesidades de cada momento. En la misma línea, Miralles & Deulofeu (2005), indican:

El propio desconocimiento de la historia de la matemática por parte del profesor provoca la transmisión de la matemática a los estudiantes como si se tratara de elementos aislados, sin precedentes ni consecuencias posteriores para el progreso del conocimiento científico. Entendemos que es en este punto donde el conocimiento de la historia de los conceptos matemáticos puede ser de gran ayuda.

(p: 104)

14

Según lo expuesto anteriormente, en el presente trabajo, se analiza aspectos históricos sobre el concepto de número, mostrando elementos del uso de números racionales e irracionales en algunas sociedades de la antigüedad, que hacen evidente su necesidad y su existencia. El estudio de la "aproximación a la evolución" histórica del concepto de número racional e irracional se presentará indicando los aportes de matemáticos y civilizaciones antiguas que impulsaron el estudio de este concepto, con el fin de lograr adquirir una mejor imagen de su construcción y desde allí, buscar estrategias que permitan aproximarnos a las estructuras conceptuales asociadas a la evolución histórica del concepto de dichos números. Lo anterior es una ruta que puede ayudarnos como docentes de matemática, a replantear aquellos elementos didácticos que ofrecen los diversos libros de textos escolares y los esquemas conceptuales asociados de los docentes de matemática.

Evolución histórica de la noción de número

Los números son tan habituales para nosotros en nuestra vida cotidiana que causan la percepción engañosa de ser inherentes, y en la edad adulta tendemos a asumir que siempre han estado presentes en nuestras mentes, como el lenguaje, una herramienta más cuyo uso debe aprenderse.

Como docentes de matemáticas, es necesario conocer un poco más de las figuras que le llamamos números y que, usamos de manera casi innata en nuestro contexto diario, como se indicó anteriormente. Si tratamos de retroceder en el tiempo, más atrás de que existieran nuestros números arábigos y romanos hindúes, cabe preguntarse: ¿Había otros números antes que ellos? Si es así, ¿cómo eran? Podemos inclusive hablar de símbolos egipcios, babilonios y hasta orientales, sin embargo, si nos esforzamos en ir más lejos en la historia, podríamos imaginar un principio en donde la búsqueda del origen de las cifras podría revelar algún vestigio de la genial invención realizada por el primer ser humano que concibió la idea de contar.

Al respecto y en al misma linea de Ifrah (1987), cabe el preguntarnos: ¿Cuál fue la razón principal que impulsó a las personas a desarrollar la noción de número?. Buscar respuestas a tal pregunta inevitablemente nos lleva a un universo de conjeturas: fue una necesidad para resolver una preocupación astronómica de registro de fases lunares, o fue que al observar ambas manos y ambos pies se descubrió la misma cantidad de dedos, o incluso se vio obligado llevar un conteo de sus animales en forma de marcas en un hueso?.

En relación a lo anterior, este mismo autor señala que existen "buenas razones" para creer que hubo un tiempo en que el ser humano no sabía contar, sin embargo esto no implica que carecían de la noción de número, más bien esta idea se confinaba a una clase de sentido numérico, es decir, a lo que la percepción directa les permitía reconocer de un vistazo. De lo anterior se puede deducir que el concepto de número es una realidad concreta inseparable de los objetos y que se manifestaba sólo en la percepción directa de la pluralidad física.

Se deduce, por tanto, que los humanos se han ocupado desde hace mucho tiempo de representar cantidades. Al respecto, Everret (2021) señala:

> Los términos para las cantidades juegan un papel penetrante
> y casi universal en las lenguas humanas contemporáneas, su-
> giriendo su papel destacado en la historia del mundo hablado.
> De manera similar, el foco numérico de los seres humanos es
> notorio en los registros arqueológicos y en la historia de los
> sistemas de escritura. Los números están literalmente graba-
> dos en nuestro registro histórico.
>
> (p: 9)

Es así como desde un principio de la historia la humanidad, el ser humano sintió la necesidad de contar sus objetos, de medir el transcurso del tiempo, registrar lo obtenido en sus cosechas, contar sus animales y representar medidas reales con símbolos. Los símbolos buscaban representar números y los números han formado la mayoría de las culturas. Han transformado los patrones humanos de subsistencia a través del tiempo, han hecho posible el expandir y el dominar nuestro entorno a la vez que permitieron el impulso de otras técnicas como la agricultura, la astronomía y posteriormente la arqui-tectura (babilonios, sumerios, egipcios), esenciales del saber humano e inconcebibles sin la especulación numérica.

Al respecto, Everett (2021) nos señala el hecho que:

A lo largo de las últimas décadas, los arqueólogos han descubierto numerosas piezas que evidencian que en la Antigüedad la gente prestaba atención a las cantidades y que las representaban en dos dimensiones: no con escritura completamente desarrollada, sino con marcas de pintura en las paredes de las cuevas, así como otras grabadas en madera y huesos. Dichas marcas de conteo son simbólicas en el sentido de que remiten a algo más.

(p: 28)

Como resultado se fueron edificando diferentes sistemas numéricos. Cada cultura concibió unos u otros sistemas de numeración y símbolos para expresarlos, los mismos se desarrollaron a lo largo de la historia, algunos subsisten y otros se han perdido. Así pues dentro de los que hoy conocemos, como producto de un largo proceso de estudio y cambio, tenemos los números complejos, los imaginarios, los reales, los irracionales, los racionales, los enteros y los naturales.

En este trabajo comentaremos sobre la evolución histórica del concepto de número. Los diversos descubrimientos arqueológico realizados hasta la actualidad han mostrado variados tipos de manifestaciones que han quedado registradas en formas de arte figurativo, así como las sepulturas con utensilio mortuorio, el adorno corporal, los distintos instrumentos musicales, o las marcas (lineales, puntuadas, etc.) colocadas intencionalmente en diferentes superficies, entre los que podemos hallar en forma lítica y, sobre todo, los óseos. Es a éste último grupo de manifestaciones, muchas veces conocidas como "marcas de caza", a las que pertenecen los que probablemente sean los primeros registros contables de la historia de la humanidad.

No está demás hacer la aclaración que no todas las marcas dejadas por seres humanos hace decenas de miles de años son deliberadas, ni todas las que son deliberadas tienen son algún tipo de representación de registro contable. Por tal razón , sólo nos enfocaremos en mostrar algunos hallazgos arqueológicos que evidencien una deliberada intención de registro contable.

Aunado a lo anterior, González et al (2010) señalan que se debe tener en consideración que todos aquellos materiales paleolíticos que presenten muescas, grabados o dibujos no necesariamente tenían un fin o uso contable. Así pues, sólo en situaciones en los que se observen determinadas combinaciones, agrupaciones o patrones específicos podremos afirmar con un cierto grado de credibilidad que nos hallamos ante un registro contable y, por tanto, ante una huella fósil de un pensamiento matemático. Por ello, dichos autores sostienen que [...] "aplicando este criterio, observaremos que las primeras muestras relativamente evidentes de pensamiento matemático pertenecen a épocas más bien recientes de la historia de la humanidad, concretamente al Paleolítico superior (35.000-10.000 BP) o, a lo sumo, a épocas inmediatamente anteriores". González et al (2010).

La historia en la enseñanza de las matemáticas

Si tomamos en cuenta la historia de la matemática en el proceso de aprendizaje de esta disciplina, esto ayudará a los estudiantes a construir un conocimiento matemático con más significado y a despojarse de la idea de que es solo un contenido didáctico a cumplir en un programa de estudios. De esta forma, y como lo señala González (2004), desde el punto de vista de eficacia pedagógica, no sólo a corto, sino también a mediano y largo plazo, la historia permite contribuir con la transmisión de conocimientos y contenidos a cubrir, y a lograr despertar en el estudiante, actitudes y hábitos metodológicos acordes con procedimientos científicos, dándole a la matemática una visón práctica, agradable y viva, lejos de lo que se presenta en la mayoría de nuestros aulas, como un producto dogmático, cerrado y acabado.

Es por ello, que resulta ineludible buscar espacios en nuestros salones de clases y ambientes de aprendizaje para que se dé el error, el debate de ideas, la comprensión de los fenómenos matematizables. Al realizar estas mediaciones, el docente logra mitigar la imagen negativa de lo que es la Enseñanza y Aprendizaje de las Matemáticas, considerando para ello, de suma importancia, la integración de la Historia de las Matemáticas en su Enseñanza, vista más allá de un simple contenido didáctico.

Es necesario señalar en primera instancia, que la discusión sobre el uso didáctico de la Historia de la Matemática no es algo nuevo. Para los años 1890 y 1893, ya en Gran Bretaña se discutía respecto a este tema, sin embargo, Toumasis (1995) citado por Chaves & Salazar (2003) considera que, si bien se ha tratado mucho sobre la necesidad de incorporar la Historia de la Matemática en la Educación Matemática; no obstante, es limitado el material sobre cómo utilizar la Historia de la Matemática en los procesos de aula.

Además, Lupiannez (2009) indica que es necesario comprender que un correcto uso de la Historia no es tarea fácil para los profesores, pues muchos de ellos carecen por lo general de una formación al respecto, y que por ende, tampoco es fácil para los estudiantes comprender de su utilidad pedagógica.

Por esta razón, el estudio de la Historia de las Matemáticas nos permite conocer la razón del origen de distintos conceptos, porqué surgieron y a qué intentaban dar respuesta. Nos permite conocer cómo surgieron los distintos términos y notaciones que hoy en día usamos. El estudiar los problemas que se plantearon en otra época y cómo han evolucionado, permite que sea el propio alumnado el que vaya haciendo un análisis crítico e, incluso, deduciendo al igual que lo hacían los matemáticos antiguos.

Considerando lo mencionado anteriormente y lo que afirma Guzmán (2007): "el conocimiento de la historia de la matemática debería ser una parte indispensable del bagaje de conocimientos del matemático en general y del profesor de cualquier nivel de enseñanza", este trabajo se enfoca en analizar aspectos históricos relacionados con los números racionales e irracionales. El objetivo es que los docentes comprendan las situaciones históricas que demuestran la necesidad y existencia de estos números, facilitando así una construcción significativa de dichos conceptos.

Finalmente, Urbaneja (2004) nos afirma que existen varias motivaciones para ense-

ñar matemáticas y desde luego la forma de cómo enseñar, será influenciada positiva-
mente por esa nueva actitud que crea el conocimiento de la historia. Al respecto, él da
una justificación muy atinada al objetivo de este trabajo:

> La Matemática recreativa se nutre en buena parte de proble-
> mas que han tenido cierto interés a lo largo de la Historia de la
> Matemática. Ésta es, pues, un manantial de problemas curio-
> sos que pueden ser tratados de forma lúdica como actividades
> al margen de la clase y en el marco de las actividades cultu-
> rales complementarias.
>
> (Urbaneja: 24)

La necesidad de conocer como educadores de matemática sobre algunas culturas de la antigüedad

Al hablar de los primeros pasos de la matemática, es necesario especificar que las matemáticas tempranas requerían de una base práctica para su desarrollo, esa base se presentó paralela a formas de progreso en la sociedad que las formularon. Tal situación aparece en ciudades que se establecieron a lo largo de grandes ríos en África como en Asia, donde nuevas formas de colectividades hicieron su aparición: el Nilo en África, el Tigris y Éufrates en el oeste de Asia, el Hindús y luego el Ganges en el centro-sur de Asia, y el Hwang Ho y luego el Yangtze en el este de Asia. Con drenajes en pantanos, control de inundaciones e irrigación, fue posible convertir esas tierras a lo largo de dichos ríos en ricas regiones agrícolas. Se realizaron amplios proyectos de ingeniería, los cuales requerían tanto de financiamiento como de administración, lo que hizo necesario la creación de considerables técnicas de conocimiento acompañadas de matemática. De esta forma, se puede decir que estas matemáticas tempranas se originaron en ciertas áreas del antiguo Oriente principalmente como una ciencia práctica para ayudar en actividades de agricultura e ingeniería.

Estas actividades requerían de computar un calendario útil, desarrollo de sistemas de peso y medidas que sirvieran en la cosecha, almacenamiento y reparto de alimentos, la creación de métodos de agrimensura para el canal y construcción de depósitos, la parcelación de la tierra, y la evolución de prácticas financieras y comerciales para aumentar y recolectar impuestos y para propósitos comerciales. De esta forma, el énfasis inicial de las matemáticas fue sobre la práctica aritmética y de medida. Eves (1964) señala que un arte especial entra en vigor por la cultivación, aplicación e instrucción de esta ciencia práctica. Podemos decir de esta manera que el desarrollo de la civilización humana y el progreso de las matemáticas han ido de la mano.

Si nos remontamos a sus comienzos, durante miles de años, matemáticos de muchas y diferentes culturas han creado una enorme estructura cimentada en los números. En tal sentido, la historia de las matemáticas empieza con la invención de símbolos escritos para denotar dichos números. Sin ellos, la civilización como la conocemos ahora no podría existir. Así se fueron edificando diferentes sistemas numéricos. Cada cultura concibió unos u otros sistemas de numeración y símbolos para expresarlos; los mismos se desarrollaron a lo largo de la historia, algunos subsisten y otros se han perdido. Hoy conocemos como producto de un largo proceso de estudio y cambio, los números complejos, los imaginarios, los reales, los irracionales, los racionales, los enteros y los naturales.

La comprensión de las matemáticas en las antiguas culturas es esencial para los docentes de matemática, ya que proporciona un contexto histórico que enriquece la enseñanza y destaca la evolución práctica de esta ciencia. Conocer el desarrollo y la aplicación de las matemáticas por civilizaciones tales que la egipcia, mesopotámica, india y china para resolver problemas cotidianos en agricultura, ingeniería y comercio permite a los educadores ilustrar la relevancia y aplicabilidad de las matemáticas en la vida diaria. Este conocimiento histórico no solo facilita la enseñanza de conceptos matemáticos fundamentales, sino que también inspira a los estudiantes al mostrarles cómo las matemáticas han sido una herramienta crucial para el progreso humano a lo largo de los siglos.

Algunos registros paleolíticos: el inicio

En este punto resulta muy interesante destacar, que los estudiosos de este tipo de registros paleolíticos enfatizan un mayor interés desde el punto de vista matemático a aquellos materiales arqueológicos que recaban ±30 marcas. El motivo original parece obvio, pues esta cantidad coincide prácticamente con el número de días (29,5) del ciclo periódico natural utilizado como base para el cómputo del tiempo por nuestros predecesores del mes lunar. Al respecto, los estudios de género más recientes alientan a tener en cuenta, además, ese otro periodo cíclico menstrual femenino que contempla ±28 días. Lo expuesto hasta aquí, abre la imaginación para pensar que puede existir la posibilidad de una evidencia ancestral sobre una de las primeras actividades intelectuales del hombre: "la anotación secuencial sobre la base de un calendario lunar, que comprende un período de casi seis meses". Estas ideas lo abordaremos más adelante.

Siguiendo la idea anterior, para González et al (2010) la primera pieza paleolítica a la que se ha hecho referencia los historiadores de la matemática es un hueso de lobo de unos 35.000 años, hallado en Vestonice (Moravia, República Checa). En dicho hueso, de unos 18 centímetros de largo, se logran identificar 55 muescas. Su descubridor, Karl Absolom, interpretó erróneamente que las marcas se consideraban agrupadas de cinco en cinco y separadas por dos trazos intermedios más largos en dos series, una de 30 $(= 6x5)$ muescas, y otra de 25 $(= 5x5)$.

Posteriormente se ha demostrado que no existe esta agrupación de cinco en cinco, aún así parece bastante plausible que el hueso tallado pueda sugerir el registro contable de una serie de objetos o de algún ciclo.

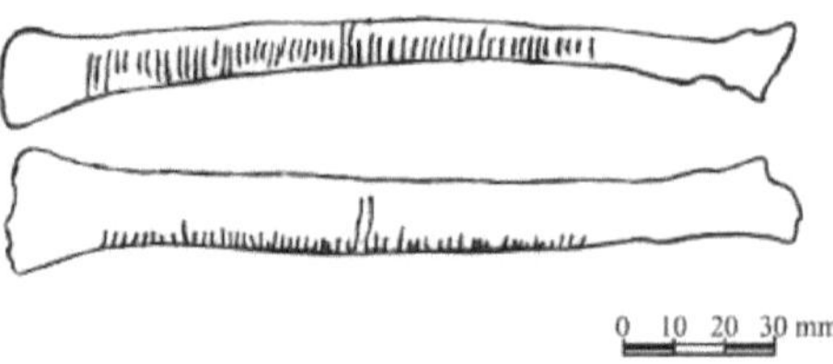

Figura 1: Hueso de Dolni Vestonice
Fuente: prehistoria de la matemática y mente moderna: pensamiento matemático y recursividad en
Paleolítico franco-cantábrico

Por su parte, Ifrah (1987) considera que dichas incisiones, además de agrupadas, estaban dispuestas en dos series paralelas a lo largo de dos caras del hueso, aunque más tarde este investigador abandonó esa suposición y limitó la antigüedad del hueso a 20.000 años.

Otra referencia arqueológica es un asta de reno, hallado en Brassempouy, Francia, fechada hace unos 15.000 años. En dicho hueso, se encuentran marcados 1, 3, 5, 7 y 9 trazos rectilíneos, en una disposición particular que ha dado origen a no pocas hipótesis en lo que se refiere a las intenciones matemáticas de su autor.

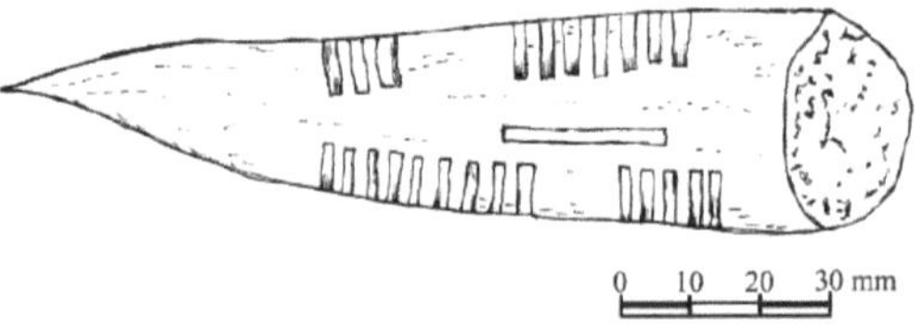

Figura 2: Asta de Brassempouy
Fuente: Prehistoria de la matemática y mente moderna: pensamiento matemático y recursividad en
Paleolítico franco-cantábrico

Al respecto Ifrah (1987), citado por González et al (2010) cree que este hueso es "una especie de herramienta aritmética" la cual presenta una gráfica de los primeros números impares, e inclusive va más allá de eso, las marcas muestran una clase de disposición que permite hallar rápidamente algunas propiedades elementales.

25

Estas propiedades elementales, partiendo de la situación 2×2 de las marcas y prescindiendo del posible valor 1 de la muesca horizontal, nos da

$$\begin{pmatrix} 3 & 7 \\ 9 & 5 \end{pmatrix}$$

entre otras propiedades posibles, se tiene:

$$9 - 7 = 5 - 3 = 2$$

$$3 + 9 = 5 + 7 = 12$$

$$7 - 3 = 9 - 5 = (9 + 5) - (7 + 3) = 4$$

Aunque lo anterior no escapa de ser plausible, las interpretaciones de Ifrah (1987) no han podido ser demostradas aún.

En esta linea, se destaca un aporte de Steward (2008) el cual señala que ya los primeros contables, como él los llama, se encontraban llevando registros sobre "quién era el propietario de qué, y de cuánto", esto es incluso sin haber sido aún inventado la escritura y no había símbolos para los números. En lugar de éstos, dichos contables hacían uso de fichas de arcilla de hace aproximadamente 10000 años en el Próximo Oriente, los cuales tenían forma de conos, esferas y hasta de huevos.

Con el paso del tiempo, las fichas se hicieron cada vez más elaboradas y especializadas. Así algunos conos decorados representaban barras de pan y tabletas en forma de diamante para representar cerveza. Schmandt-Besserat, citado por Steward (2008), señala que estas fichas representan un primer paso en el camino de los símbolos numerales, la aritmética y las matemáticas. Estas marcas de arcilla eran simples rayas, "marcas de cuenta", que registraban números como una serie de trazos, tales como ||||||||||||| para representar el número 13.

Según lo expuesto, resulta necesario destacar el hecho que a través del tiempo, la mayor idea matemática que ha persistido es el conteo, sea por palabras o símbolos. Aunado a esto, la comunidad científica internacional tiene asumido que en África comenzaron a utilizarse instrumentos para contar desde hace 37.000 años

Sobre lo anterior, Steward (2008) expone que las marcas más viejas conocidas de este tipo, corresponde a 29 muescas grabadas en un hueso de pata de babuino, de unos 37 000 años. El hueso se encontró en una cueva en las montañas de Lebombo, en la frontera entre Swazilandia y Sudáfrica.

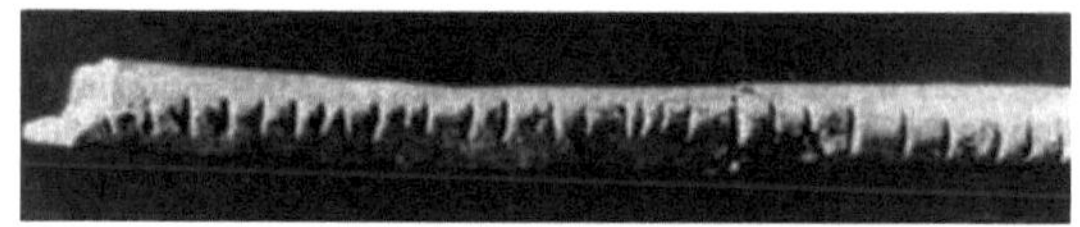

Figura 3: Hueso de Lebombos
Fuente: Tomado de Internet

Otra antigua inscripción matemática, el hueso de Ishango en Zaire, tiene 25 000 años. A primera vista las marcas a lo largo del borde del hueso parecen hechas casi al azar, pero quizá hay pautas ocultas. Una fila contiene los números primos entre 10 y 20, a saber, 11, 13, 7 y19, cuya suma es 60. Otra hilera contiene 9, 11,19 y 21, que también suman 60. La tercera hilera recuerda un método utilizado a veces para multiplicar dos números por duplicación y por división por dos repetida. Sin embargo, las pautas aparentes pueden ser una simple coincidencia, y también se ha sugerido que el hueso de Ishango es un calendario lunar.

Se habla que el camino histórico desde las fichas de los contables a los numerales modernos es largo e indirecto.

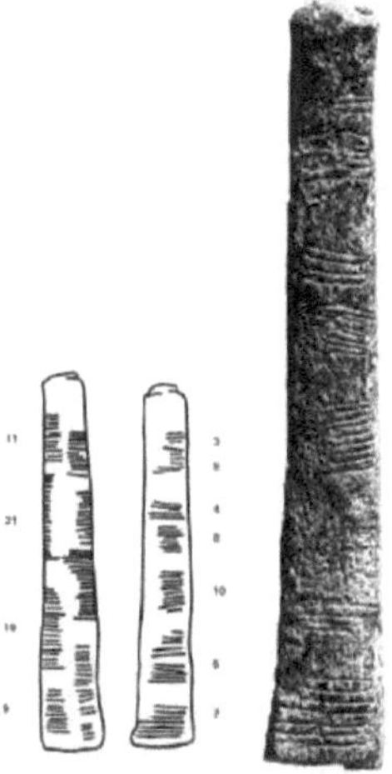

Figura 4: Hueso de Ishango
Fuente: Tomado de Internet

La matemática en algunos pueblos antiguos

Desde las sombras de la prehistoria hasta las impresionantes civilizaciones que surgieron hace unos 6000 años, la trayectoria de las matemáticas nos sumerge en un fascinante viaje a través del tiempo y la evolución del pensamiento humano. Como se expuso, en los albores de la existencia, cuando las comunidades primitivas luchaban por comprender el mundo que les rodeaba, las semillas de una incipiente matemática germinaron de manera instintiva y elemental. Desde la simple necesidad de contar hasta la observación de patrones naturales, la prehistoria vio los primeros trazos de una disciplina que, con el tiempo, se convertiría en un lenguaje universal para describir la realidad.

Iniciemos un breve recorrido por la matemática de la antigüedad. Peña (2013) expone que desde hace aproximadamente unos 6000 años, la mayoría de civilizaciones han realizado procesos de conteo como hoy día, no obstante, la escritura de los símbolos para representar los números si ha sido muy diversa, inclusive, algunos pueblos vieron frenado sus avances científicos y tecnológicos por carecer de un sistema numérico eficaz y ágil.

Así pues, en el seno de las antiguas civilizaciones como la egipcia y la mesopotámica, es donde las matemáticas dieron sus primeros pasos un poco más formales. Desde las orillas del Nilo hasta las tierras fértiles de Mesopotamia, la humanidad comenzó a desarrollar sistemas numéricos más complejos, a utilizar la geometría para la planificación urbana y aplicar conceptos matemáticos en la agricultura y la astronomía. Este período marcó un cambio fundamental, impulsando con fuerza a las matemáticas desde su origen práctico en la prehistoria hacia un terreno más abstracto y sistemático, anticipando el asombroso viaje intelectual que continuaría a lo largo de los milenios.

La Matemática en el antiguo Egipto.

No se conoce con seguridad el origen de la civilización egipcia, pero es seguro que data al menos del año 4000 a.C. A diferencia de la civilización babilónica, los egipcios apenas sufrieron influencias externas. Anualmente el rio Nilo inunda sus riberas pero, al retirarse las aguas, quedan unos terrenos muy fértiles que eran cultivados por este pueblo. El resto del país es un desierto.

De los primeros dos mil años de la civilización egipcia, entre el 5000 y 3000 a.C, se sabe muy poco. La escritura todavía no había sido inventada. Al principio había dos reinos: el Alto y el Bajo Egipto. En algún momento entre 3500 a.C. y 3000 a.C. se unificaron. La culminación de la cultura egipcia se produce hacia el año 2500 a.C. En este momento se construyen las grandes pirámides. En el año 332 a.C., Alejandro Magno conquista Egipto y a partir de ahí y hasta el año 600 d.C., la cultura y la Matemática egipcias pertenecen ya a la cultura griega.

Uno de los aspectos primordiales que marcó la descripción de las matemáticas y la complejidad de la resolución fue el tipo de escritura. De hecho, a lo largo de la historia egipcia, la escritura evolucionó poco a poco, pudiéndose dividir de este modo en tres períodos bien diferenciados:

- **Escritura jeroglífica:** usada desde el 3200 a.C. hasta aproximadamente el 2500 a.C. En este período la numeración usada era similar a la mostrada en la siguiente tabla

1	10	100	1000	10.000	100.000	1.000.000

Figura 5: Numeración, escritura jeroglífica
Fuente: Tomado de Internet

En particular, los números a parte de tener que escribirse con un gran número de símbolos, representados por objetos del mundo físico, como animales, plantas, figuras geométricas, entre otros, cuyo trazo es lineal, los cuales debían ser escritos con cierta estética, agrupando los símbolos del mismo tipo, a poder ser en orden descendente de valor. El número de estos signos es cerca de 800.

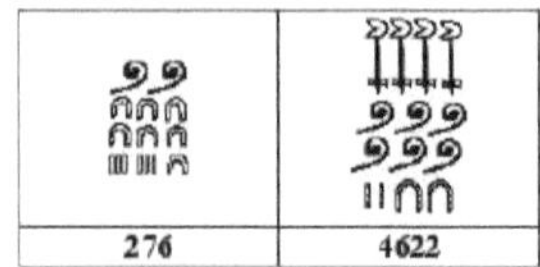

Figura 6: Agrupación de números, escritura jeroglífica
Fuente: Tomado de Internet

- **Escritura hierática:** usada predominante desde el 2500a.C. hasta aproximadamente el 600 a.C. Al igual que antes, la numeración usada varió con el tipo de escritura, dando lugar a una mayor riqueza en el número de símbolos usado para escribir distintas cifras. Se puede decir que es un sistema abreviado, es decir, una especie de abreviatura de un signo jeroglífico. Por ejemplo, en vez de usar la figura completa de un león, se traza su parte posterior, conservando el mismo valor o significado original.

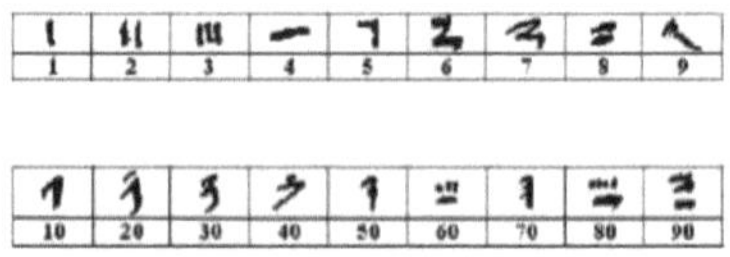

Figura 7: Numeración, escritura hierática
Fuente: Tomado de Internet

- **Escritura demótica:** usada en el período tardío de la cultura egipcia, desde el 600 a.C. en adelante. Esta última variación en la escritura también produjo una leve variación en los símbolos usados para los números con respecto a la escritura hierática.

31

Actualmente, una parte muy limitada de las matemáticas egipcias han permanecido a través inscripciones halladas en templos y tumbas. Se puede encontrar más información en algunos de los papiros que se conservan actualmente. El papiro es un soporte de escritura fabricado de una planta acuática cuyo nombre científico es *cyperus papyrus* (y que servía de materia prima para muchas otras cosas útiles). Se sabe que los rollos de papiro tenían una longitud media de cinco metros (el mayor papiro encontrado mide más de 41).

El uso del papiro declinó al mismo tiempo que la vieja cultura egipcia, siendo sustituido paulatinamente por el pergamino, de origen animal. Disminuyó a lo largo del siglo V d.C. y desapareció completamente en el siglo XI.

Los tres papiros

Los documentos matemáticos mas importantes que han sobrevivido muestran ejercicios planteados y resueltos en tres de los papiros matemáticos más importantes hasta ahora encontrados: el papiro de Rhind, el papiro de Moscú y el papiro de Berlín, los cuales datan de la época hierática. Está muy difundida la idea falsa de que la ciencia egipcia y, en particular la matemática y la astronomía, había alcanzado un alto nivel.

El papiro de Rhind o también conocido como papiro de Ahmes, debe su nombre a Henry Rhind, egiptólogo escocés que en 1858 adquirió una colección de papiros entre los que se encontraba este. Data del 1650 a.C, mide aproximadamente 6 metros de largo por 33 centímetros de ancho y su contenido es puramente matemático con 85 problemas planteados y resueltos. Estaba destinado a la formación de escribas. Cada problema está asociado a un aspecto de la vida cotidiana egipcia. en donde se realizan operaciones con fracciones; se calculan las áreas del rectángulo, del triángulo, del trapecio y del círculo (establecieron que esta área es $\left(\dfrac{8}{9}d\right)^2$, d es el diámetro, y que corresponde a la aproximación $\pi = 3,1605\ldots$).

Figura 8: Papiro de Rhind
Fuente: Tomado de Internet

Se considera el documento egipcio más antiguo que trata de matemáticas, y de hecho, el documento matemático más antiguo de cualquier época. El autor del mismo es un escriba llamado Ach-mos'e también conocido por Ahmes. Comienza con la frase: ¿Cálculo exacto para entrar en conocimiento de todas las cosas existentes y de todos los oscuros secretos y misterios?. Se supone que podría tener como finalidad el ilustrar a los futuros escribas en el ejercicio de sus actividades, (relacionadas con la recaudación, con los repartos, etc.), por lo que la resolución de los problemas está escrita de modo pedagógico. Las cinco partes del manual de Ahmes se refieren respectivamente a la aritmética, la estereometría, la geometría, el cálculo de pirámides y varios problemas prácticos.

Además, en el comienzo del papiro, Ahmes hace alusión a que la escritura del mismo es una recopilación de información extraída de otros de 200 años de antigüedad, lo que lleva a suponer que la resolución de los problemas como poco data del 1900 a.C.

Beckmann (2006) al respecto cita el siguiente párrafo (traducción) con el cual inicia el texto antiguo en cuestión:

Cálculo cuidadoso. La entrada al conocimiento de todas las

cosas que existen y todos los secretos oscuros. Este libro fue

copiado fielmente en el año 33, mes cuarto de la estación de

la inundación bajo el Rey del Alto y Bajo Egipto, A-user-Re,

en goce de vida, de un escrito antiguo realizado en el tiempo

del rey del Alto y Bajo Egipto, Ne-mat´et-Re..

(Beckmann: 30)

Entre sus problemas planteados destacan los relacionados con la multiplicación y

división, fracciones unitarias, áreas de rectángulos, triángulos y círculos (aproximación

de π), resolución de ecuaciones con 1 incógnita y cálculo de volúmenes y cálculos sobre

pirámides.

El papiro de Moscú: originalmente conocido por papiro de Golenishchev. De autor

desconocido. Estudios ortográficos y paleográficos han permitido ubicarlo en la dinastía

XIII (ca. 1759-1630 a.C.). El Papiro de Moscú, así llamado porque está depositado en el

Museo de Bellas Artes de Moscú, tiene 5 metros de longitud y 8 centímetros de anchura.

Consta de 25 problemas, algunos demasiado deteriorados como para poder ser leídos.

Está escrito en hierática (una simplificación de la jeroglífica) y es de alrededor del 1890

a.C., de cuando la XII dinastía. El escriba, de quien no sabemos ni el nombre, no era

tan bueno en su oficio como Ahmes, cuya escritura y manera de explicar las cosas es

mucho más clara.. En la imagen mostrada mas abajo se aprecia en la parte superior el

papiro original en escritura hierática y en la parte inferior su traducción en jeroglífica.

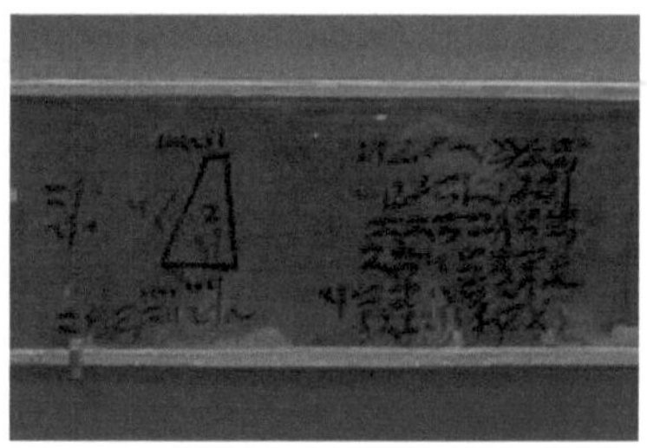

Figura 9: Papiro de Moscú
Fuente: Tomado de Internet

De dicho papiro podemos destacar los problemas relacionados con áreas de rectángulos y triángulos, volúmenes de pirámides truncadas, calculo del área superficial de un "cesto", ecuaciones lineales y las fracciones unitarias.

El papiro de Berlín: es una colección de papiros matemáticos y médicos datados alrededor del 1300 a.C. Al igual que el papiro de Moscú, se desconoce el autor de los mismos.

Figura 10: Papiro de Berlín
Fuente: Tomado de Internet

En él se encuentra problemas relacionados con las fracciones unitarias, ecuaciones lineales y sistema de 2 ecuaciones con dos incógnitas (una de las cuales es además de segundo grado).

Aritmética Egipcia

Para Morales (2002) y como se mencionó anteriormente, realmente no podemos hablar de un sólo sistema de numeración, porque usaron dos: el sistema jeroglífico que

35

utiliza jeroglíficos y el sacro (sagrado) utilizado por los sacerdotes mediante símbolos cursivos y que en el siglo VIII a.C. conducirán al sistema demótico o sistema del pueblo, también cursivo y de forma abreviada. De acuerdo con Berciano (2007), la primera característica a destacar es que gracias al conocimiento completo de las tablas de duplicación y el cálculo de los tercios de un número, los escribas manejaban con total facilidad las cuatro operaciones elementales: suma, resta, multiplicación y división.

Su sistema de jeroglífico era decimal pero no posicional, en el que el principio aditivo establece la disposición de los símbolos. La utilización de este principio admite expresar cualquier número, cada símbolo se repite el número de veces necesario. Usaban símbolos diferentes para las unidades, decenas, centenas, etc. De esta forma, los egipcios tenían pictogramas para representar el 1, 10, 100, 1,000, 10,000, 100,000 y 1,000,000. El 1 se representaba con un trazo vertical | , el 10 con una herradura ∩, el 100 con una cuerda enrollada o una especie de espiral, el 1.000 con una flor de loto (incluido su tallo), el 10.000 con un dedo levantado y torcido, el 100.000 con un renacuajo y el 1.000.000 con un hombre arrodillado y con los brazos levantados, que al parecer representaba al dios Heh, dios del infinito y la eternidad, sujetando el cielo.

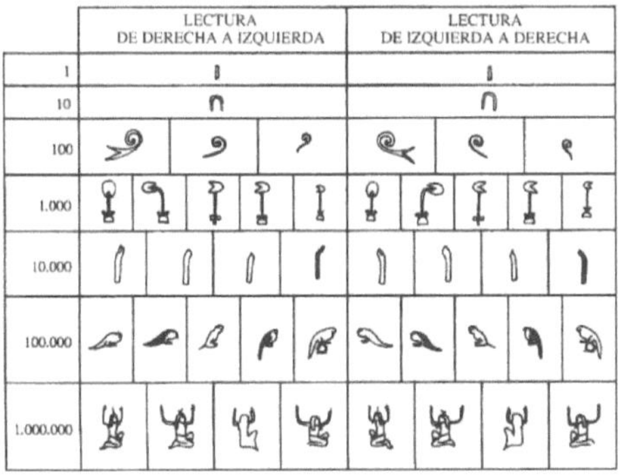

	LECTURA DE DERECHA A IZQUIERDA	LECTURA DE IZQUIERDA A DERECHA
1		
10		
100		
1.000		
10.000		
100.000		
1.000.000		

Figura 11: Cifras fundamentales de la numeración jeroglífica egipcia
Fuente: Historia universal de las cifras, Ifrah. G

De esta forma, un número como el 34 se escribía en ∩ ∩ ∩ |||| . Este sistema no es adecuado para los grandes cálculos que exigía la astronomía, aunque como se mencionó anteriormente, este sistema de numeración era aditivo, por lo que realizar una suma era relativamente fácil debido a la simple acumulación de números o pictogramas iguales y reagruparlos. Por ejemplo, si tenía diez líneas verticales (1), se reemplazaban por una herradura (10), una espiral (100) y así sucesivamente.

Por ejemplo, la suma de 2.816 y 348 sería:

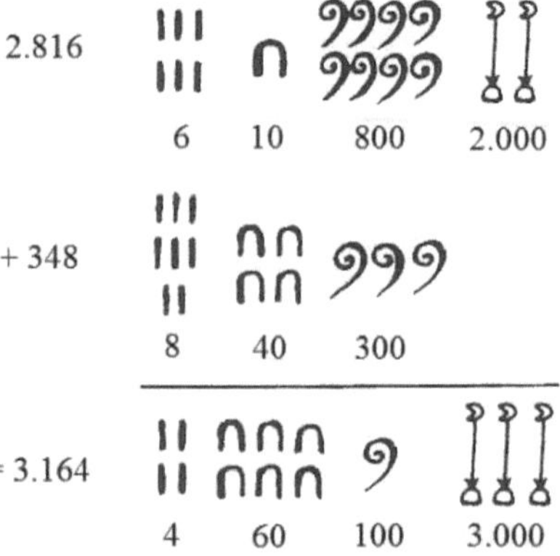

Figura 12: Suma de cifras
Fuente: Tomado de Internet

Por otra parte, el uso de fracciones unitarias, es decir, fracciones cuyo numerador igual a la unidad, salvo el 2/3 y el 3/4, es un rasgo que casi inmediatamente distingue al cuerpo matemático desarrollado en el Antiguo Egipto. Su escritura jeroglífica representaba esquemáticamente una boca, seguida por el valor numérico del denominador:

Así tenemos el siguiente ejemplo:

Es curioso que las partes sagradas del Ojo de Horus, donde los denominadores son potencias de dos, también se utilizaran para referirse a la fraccines de hekat (medida de grano).

Figura 13: Suma de cifras
Fuente: Tomado de Internet

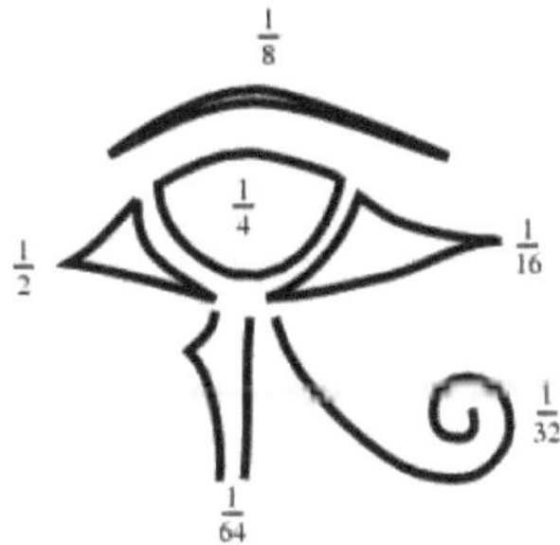

Figura 14: Ojo de Horus
Fuente: Tomado de Internet

Sin embargo, Corrales (2022) afirma que sólo hay evidencia de que los egipcios usaban fracciones de denominador 1, con la salvedad de las fracciones $\frac{2}{3}$ y $\frac{3}{4}$, los cuales tenían su propia simbología, que era un poco diferente de las demás fracciones. Cuando quisieron expresar fracciones con diferentes numerador, lo hacían como sumas de fracciones con numerador 1. Por ejemplo:

$$\frac{2}{5} = \frac{1}{2} + \frac{1}{15}$$

Por su parte, Moreno (2012) indica que para facilitar los cálculos, los antiguos egipcios prepararon tablas en las que se dividían las fracciones más comunes en sumas de partes unitarias. El Papiro Ahmes comienza con una tabla de factorización de todas las fracciones irreducibles con un numerador de 2 y un denominador de 5 a 101.

2/5	1/3+1/15	2/53	1/30+1/318+1/795
2/7	1/4+1/28	2/55	1/30+1/330
2/9	1/6+1/18	2/57	1/38+1/114
2/11	1/6+1/66	2/59	1/36+1/236+1/531
2/13	1/8+1/52+1/104	2/61	1/40+1/244+1/488+1/610
2/15	1/10+1/30	2/63	1/42+1/126
2/17	1/12+1/51+1/68	2/65	1/39+1/195
2/19	1/12+1/76+1/114	2/67	1/401/335+1/536
2/21	1/14+1/42	2/69	1/46+1/138
2/23	1/12+1/276	2/71	1/40+1/568+1/710
2/25	1/15+1/75	2/73	1/60+1/219+1/292+1/365
2/27	1/18+1/54	2/75	1/50+1/150
2/29	1/24+1/58+1/174+1/232	2/77	1/44+1/308
2/31	1/20+1/124+1/155	2/79	1/60+1/237+1/316+1/790
2/33	1/22+1/66	2/81	1/54+1/162
2/35	1/30+1/42	2/83	1/60+1/332+1/415+1/498
2/37	1/24+1/111+1/296	2/85	1/51+1/255
2/39	1/26+1/78	2/87	1/58+1/174
2/41	1/24+1/246+1/328	2/89	1/60+1/356+1/534+1/890
2/43	1/42+1/86+1/129+1/301	2/91	1/70+1/130
2/45	1/30+1/90	2/93	1/62+1/186
2/47	1/30+1/141+1/470	2/95	1/60+1/380+1/570
2/49	1/28+1/196	2/97	1/56+1/679+1/776
2/51	1/34+1/102	2/99	1/66+1/198
		2/101	1/101+1/202+1/303+1/606

Figura 15: Tabla de fracciones papiro de Ahmes
Fuente: Tomado de Internet

Superficies, áreas y el número π

Los egipcios dedicaron gran esfuerzo al cálculo de áreas pues era una sociedad principalmente agrícola. Debido a que tras la subida anual del Nilo, había que volver a asignar a cada persona la misma superficie de tierra que tenía antes de la inundación. Este hecho dio lugar a que se tuviera que saber cómo calcular el área de distintas superficies y, dependiendo del tipo, encontramos diversos ejercicios planteados y resueltos. De hecho, los distintos problemas tratados en los papiros mencionados anteriormente, basados en los volúmenes y áreas de las figuras planas y sólidas más familiares fueron resueltos correctamente en su mayor parte.

Romero et al (2021) indica el hecho de que cuando se cuestiona por los tres logros más importantes de la geometría egipcia, existe un consenso general acerca de dos: "las aproximaciones del área del circulo" y "la deducción de la regla para calcular el volumen de un tronco de pirámide", pero existe un cierto desacuerdo sobre el tercero: ¿intentaron, efectivamente, encontrar la fórmula correcta para el área de la superficie de una semiesfera? (p.1)

En este contexto, Gerván (2015) expone un análisis del problema 10 del papiro de Moscú donde lamentablemente el mismo se encuentra en un estado fragmentario, llegando incluso a perderse ciertas partes escritas que son cruciales para entender su naturaleza. Se haya dividido en tres columnas con un total de 14 líneas, en la sexta, el daño es inevitable. Así pues el autor propone una transcripción y transliteración que deja de lado cualquier intento de reconstruir ese pequeño fragmento perdido.

Al respecto, este mismo autor cita a Struve[1], quien realiza un análisis muy interesante basado en la reelectura del problema 10 del Papiro Matemático de Moscú.

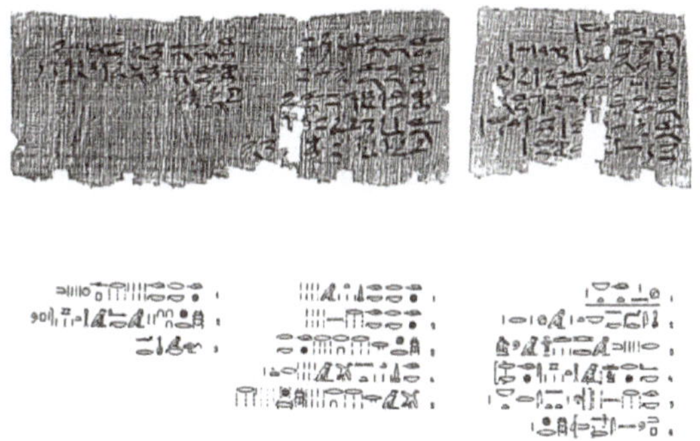

Figura 16: Problema 10 Papiro Moscú
Fuente: La práctica matemática en el Antiguo Egipto. Una relectura del Problema 10 del Papiro Matemático de Moscú

---

[1] STRUVE, V., Mathematischer Papyrus der..., op. cit., pl. 10

Aquí se expone la transcripción con algunos cambios tomados del material de Romero (2021) con el fin de comprender mejor dicho problema:

1. Ejemplo del cálculo [esto es, del cálculo del área] de una cesta.

2. Te dan una cesta con una boca [esto es, una abertura, i.e. diámetro]

3. de $4 + 1/2$ en el borde ([presumiblemente, de diámetro]), ¡oh!

4. Déjame saber [el valor de] su área. Harás

Solución sugerida

5. Tomar 1/9 de 9, porque la cesta

6. es la mitad de un huevo (esto es, un hemisferio):, que se convierte [i.e. resultado] en 1

7. Harás la diferencia, que es 8.

8. Harás 1/9 de 8

9. que se convierte en $2/3 + 1/6 + 1/18$.

10. Harás la diferencia de esto con 8 después de

11. (restarle) el $2/3 + 1/6 + 1/18$, que se convierte en $7 + 1/9$.

12. Harás [la multiplicación] $7 + 1/9$ por $4 + 1/2$

13. y se convierte en 32. Mira, [ésta] es su área [lit. de ello]

14. ¡Tú la hallaste bien!

Romero et al (2021) proponen la siguiente resolución reformulando el problema así:
Hallar el área de la superficie de una semiesfera de diámetro 4 1/2.
La solución que este autor sugiere da se puede expresar simbólicamente como:

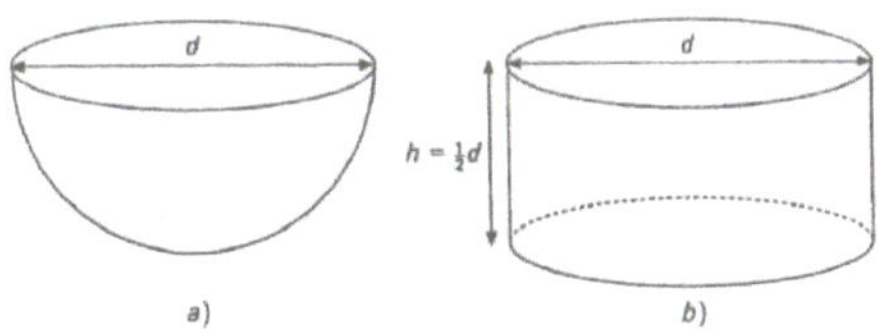

Figura 17: Problema 10 Papiro Moscú
Fuente: Análisis de ecuaciones algebraicas desde la cultura egipcia hasta la actualidad

$$A = 2d(8/9)(8/9)d = 2d^2(8/9)^2 = 2\pi r^2$$

donde el valor egipcio de π es $256/81$ (**valor que se analizará posteriormente**). Es claro que dicha expresión es idéntica a la fórmula actual de la superficie curva de una semiesfera ($A = 1/2\pi d^2$) con un valor diferente para π. Esto nos debe de llamar poderosamente la atención del ingenio y capacidad de los matemáticos egipcios de la época.

De hecho, estos autores indican que

> Si esta representación del método egipcio es acertada, entonces estamos aquí ante un logro aún más notable que la aplicación de la fórmula correcta del volumen de un tronco de pirámide, pues la misma idea de una superficie curva (no simplemente una superficie que se puede obtener enrollando una superficie plana) es un concepto matemático muy avanzado. Esto anticiparía la obra innovadora de Arquímedes (ca. 250 a.C.) en unos mil quinientos años

> (Romero et al: 13)

No obstante, resulta importante aclarar que se han suscitado dudas acerca de la interpretación del término "huevo". Peet (1931) citado por Romero et al (2021) ha sostenido que este término debe interpretarse como un semicilindro, en cuyo caso la solución sugerida anteriormente, expresada simbólicamente, (figura 17, b) se convertiría en $A = 2\pi h$, donde $\pi = 256/81$ y $h = 1/2d$ es la altura. Ésta sería la contrapartida egipcia de la fórmula moderna del área de la superficie curva de un semicilindro. En los problemas 42, 43 y 44 del papiro de Rhind se plantea el calculo explicito del área de un círculo, y en el problema 50 se resuelve para un círculo de diámetro 9 unidades. Para ello, dados los argumentos que aparecen en el papiro original, el razonamiento lógico seguido por el escriba sería el siguiente:

Como primer paso se considera el cuadrado circunscrito al círculo. Su lado mide 9 unidades, cuya área es igual a $9^2 = 81$ unidades^2

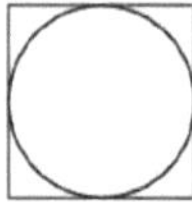

Se subdivide dicho cuadrado en cuadrados de lado unidad, obteniéndose así un mallado de 9×9 cuadrados unitarios.

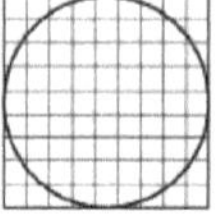

Se traza la diagonal de los cuadrados de lado 3 unidades de las esquinas, obteniéndose un octógono irregular, que será tomado como aproximación del círculo.

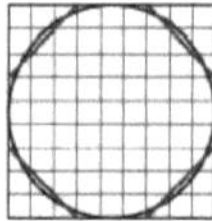

El área del octógono es equivalente a restar al área del cuadrado (81 unidades^2), el área de la región sombreada (18 unidades^2), es decir, el área sería 63 unidades^2

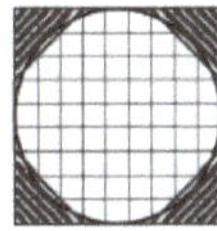

Por último, como $8^2 = 64$ es cercano a 63, el área del círculo, que había sido aproximado por el del octógono, es de nuevo aproximado por 8^2, resultando que el área es $(81 = 9 \times 9)$.

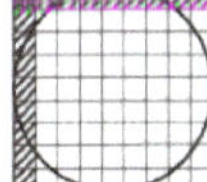

Repitiendo el proceso para un círculo de radio r, obtenemos que el área del círculo es

$$\text{Área} = \left(\frac{8}{9}d\right)^2 = \frac{64}{81}d^2 = \frac{256}{81}r^2$$

Luego, el número π, a pesar de no ser mencionado en ningún papiro explícitamente, es aproximado por la fracción

$$\pi = \frac{256}{81} \approx 3,16049$$

Al respecto, Beckmann (2006) afirma que "Es claro que Ahmes hace trampa dos veces: primero al afirmar que el área del octógono es igual a la del círculo, y después al tomar $63 \approx 64$. Sin embargo, vale la pena señalar que ambas aproximaciones se compensan, aunque no del todo." (p. 31).

Triángulo de Pitágoras en el antiguo Egipto

Existe evidencia de que los antiguos egipcios utilizaban un tipo especial de triángulo en muchas de sus construcciones, dibujos y pinturas, el llamado "triángulo sagrado", un triángulo rectángulo con lados en una relación $3-4-5$, a la cual le atribuían cualidades mágicas o estéticas.

No obstante, una de las dudas que persiste con el paso de los siglos es si en el antiguo Egipto era conocido el "teorema de Pitágoras" para cualquier triangulo rectángulo de lados a y b cualesquiera. La relación $3-4-5$ les permitió que fuesen capaces de delimitar superficies con ángulos rectos, usados por ejemplo en la construcción de las pirámides.

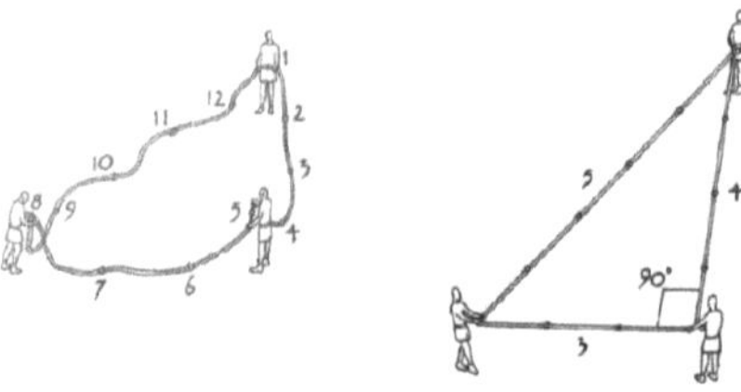

Figura 18: Cuerda con 13 nudos.
Fuente: Taller: Las Matemáticas del Antiguo Egipto Mayo, 2019

Veamos el método en cuestión. En primer lugar tomaban una cuerda y le hacían 13 nudos, equidistantes dos a dos. Al juntar los dos extremos obtenían un triangulo rectángulo de lados 3; 4 y 5, y por consiguiente, el ángulo recto buscado.

Figura 19: Cuerda con 13 nudos.
Fuente: Tomado de Internet

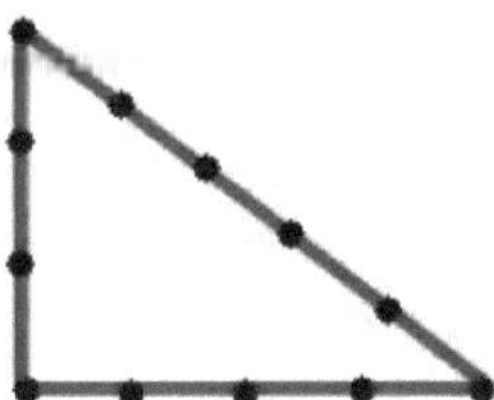

Figura 20: Triangulo 3,4, 5; Cuerda con 13 nudos.
Fuente: Tomado de Internet

De hecho, los ángulos interiores de este tipo de triángulos son aproximadamente $36°\,52'\,11''$ y $53°\,07'\,48''$. Por ende, que cualquier triángulo que posea estos ángulos tendrá sus lados en la proporción anterior y será un "Triángulo Sagrado".

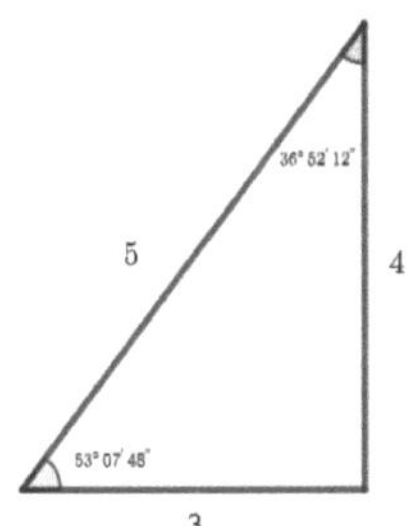

Figura 21: Triángulo Sagrado
Fuente: Elaboración propia

Al respecto, diversos egiptólogos están de acuerdo en que uno de los mejores ejemplos del uso del triangulo sagrado lo podemos encontrar en las pirámides reales construidas durante la VI Dinastía. Martínez (2001) indica que las pirámides diseñadas con triángulos sagrados contienen cuatro triángulos de este tipo en su estructura y están formados con cada apotema de la pirámide, su base y su altura. Actualmente no se ha hallado documentos que prueben que los antiguos egipcios conocieran el teorema de Pitágoras, sin embargo se debe destacar que para lograr resolver los triángulos sagrados, no es necesario el uso de este teorema, ya que pueden solucionar con sumas o adiciones básicas, sin utilizar números elevados al cuadrado ni resolver complicadas raíces cuadradas.

En relación con lo anterior, Sánchez (2012) indica que Heródoto, entre otros cronistas, registra su uso al referirse al trabajo de los agrimensores que rastreaban los movimientos de tierra provocados por la inundación del Nilo. En términos de arquitectura, el uso del triángulo sagrado está bien documentado, por ejemplo en la construcción de la Gran Pirámide de Kefrén en el siglo XXVI a.C. Aparecen referencias explícitas de la relación pitagórica en algunos ejemplos numéricos concretos en Egipto, aunque no ha sobrevivido ningún documento que lo exponga de manera general. Por ejemplo, un documento de la Duodécima Dinastía (ca. 2000 a. C.) encontrado en Kahun utiliza la siguiente terminología:

$$1^2 + \left(\frac{3}{4}\right)^2 = \left(1 + \frac{1}{4}\right)^2$$

que es proporcional a la del triángulo egipcio.

Raíces cuadradas en el antiguo Egipto

Para Gillings (1982), el elevar al cuadrado números racionales, era algo que puede ser encontrado con frecuencia en diversos papiros antiguos, no obstante, al hablar de raíces cuadradas, esto es menos común, aunque se expresaban, no eran calculadas. De hecho, los antiguos egipcios no habían requerido formular un método para encontrar las raíces cuadradas de cuadrados perfectos. Es probable que usaran una tabla que estuviera elaborada por los escribas y compuesta de números enteros de cuadrados perfectos. Las mismas habrían sido suficientemente completas para todas sus necesidades habituales. También hay evidencia de que esta cultura trabajaba con un sistema de 2 ecuaciones dos incógnitas. Así pues, el Papiro de Berlín contiene dos problemas en donde uno involucra una ecuación cuadrática en dos variables. Se sabe que los egipcios no indican la resolución de estas ecuaciones cuadráticas, pero hay evidencias que muestran de su uso, como el problema de los cuadrados. Encontramos así el siguiente problema: *Te dicen que el área de un cuadrado de 100 codos cuadrados es igual a la suma de la de otros 2 cuadrados más pequeños. El lado de uno de ellos es $1/2+1/4$ del otro. Averigua los lados de los cuadrados.*

En nuestro contexto actual, dicho problema se transforma en resolver el sistema de ecuaciones:

$$x^2 + y^2 = 100$$
$$y = (1/2 + 1/4)x$$

con x, y los lados de los cuadrados buscados.

Romero et al (2021) exponen de manera resumida la resolución mediante el álgebra retórica egipcia de este problema que da el escriba:

Tómese un cuadrado de lado 1 cúbito (esto es, un valor falso
de y igual a 1 cúbito). Entonces, el otro cuadrado tendrá un
lado de $1/2 + 1/4$ cúbitos (esto es, $x = 1/2 + 1/4$). Las
áreas de los cuadrados son 1 y $1/2 + 1/16$ cúbitos cuadrados,
respectivamente. Al sumar las áreas de los dos cuadrados se
obtienen $1 + 1/2 + 1/6$ cúbitos cuadrados. Extráigase la raíz
cuadrada de esta suma: $1 + 1/4$. Extráigase la raíz cuadrada de
100 cúbitos cuadrados: 10. Dividir este 10 por $1 + 1/4$, lo que
da 8 cúbitos, el lado de un cuadrado. (Así, de la suposición
falsa de $y = 1$, hemos deducido que $y = 8$.) En este punto
el papiro está tan sumamente dañado que hay que reconstruir
el resto de la solución. Se puede únicamente suponer que el
lado del cuadrado más pequeño se calculó como $1/2 + 1/4$
del lado del cuadrado mayor, el cual era 8 cúbitos. Por tanto,
el lado del cuadrado más pequeño es 6 cúbitos.

(Romero et al: 5)

Los Babilonios

Personalmente considero que todo docente de matemáticas debe conocer un poco
de la cultura babilónica. Así, al comprender la trayectoria histórica de los grabados
contables a los numerales modernos, vemos que su camino fue extenso y quebranta-
do. A través de miles de años, los pueblos de Mesopotamia desarrollaron la agricultura, pasando de una forma de vida nómada a diversos asentamientos en una especie de
ciudades-estado: Babilonia, Erido, Lagash, Sumer, Ur.

La civilización babilónica engloba un conjunto de pueblos (sumerios, acadios, cal-
deos, asirios, babilónicos entre otros) que vivieron en Mesopotamia, región que se ex-
tiende entre los ríos Tigres y Éufrates, lo que hoy es la República de Irak. Alrededor del

año 1900 a.C, aparece la civilización Babilónica.

Babilonia fue el centro cultural del llamado Creciente Fértil aproximadamente los años 2000 y 500 a.C, que propició la evolución de las matemáticas; la cual no se vio afectada por la invasión hecha por los persas comandados por Ciro en 538 a.C.

Sin embargo, los babilonios no serían los primeros habitantes de esta región, pues les antecedieron los sumerios, alrededor del año 3500 a.C, y posteriormente, los acadios, cerca del 2300 a.C. En este intercambio cultural, el pueblo babilónico logra asimilar la mayor parte del legado cultural de ambas civilizaciones, a su vez, que los incrementaba y enriquecía.

Actualmente se conoce que sus primitivos símbolos fueron inscritos en tablillas de arcilla húmeda y que luego se transformaron en pictogramas (símbolos que representan palabras mediante imágenes simplificadas de lo que desean expresar), para posterior-mente pasar a pictogramas, quedando reducidos a un pequeño número de marcas con forma de cuña, impresos en la arcilla mediante el uso de un estilete seco con un extre-mo plano y afilado. Así pues, hacia el 3.000 a.C. los sumerios habían desarrollado una elaborada forma de escritura, ahora llamada cuneiforme: "en forma de cuña".

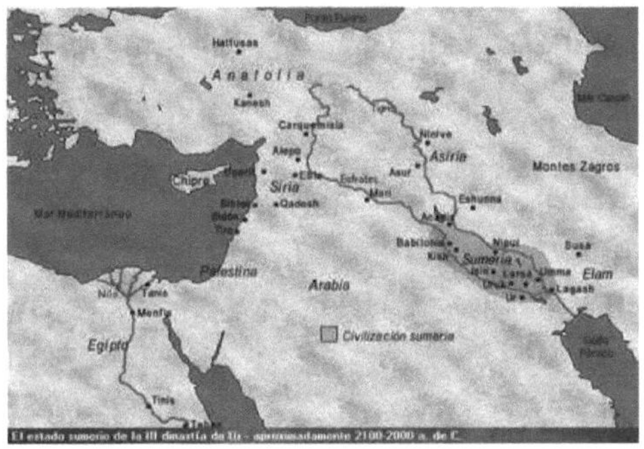

Figura 22: Mapa antigua Mesopotamia
Fuente: Tomado de Internet

Es hasta finales del siglo XIX, que los arqueólogos empezaron ha realizar excava-ciones en terrenos de la antigua Mesopotamia, donde se descubren numerosos hallazgos a través de muchos años. Hasta el día de hoy, se han recopilado aproximadamente medio millón de tablillas de arcilla, 300 se relacionan con matemáticas y doscientas tienen grabadas tablas de multiplicar, de dividir, de cuadrados, de cubos, de recíprocos y de interés compuesto.

Algunas de las tablillas de arcilla encontradas que contienen textos matemáticos, provienen del último período sumerio (2100 a.C), otras pertenecen a la primera dinastía babilónica (rey Hammurabi, 1700 a.C) y otras se sitúan del período de Nabucodonosor al período Seléucida (600 a.C - 300 d.C). A pesar que desde que se encontraron las primeras tablillas con textos matemáticos, se detectó la presencia de un manejo de números, estos no pudieron ser descifrados hasta la década de 1930, gracias al trabajo de Grotefend y Rawlinson.

Volviendo a esa escritura cuneiforme, Steward (2008) expone la existencia de dos tipos diferentes de cuña: una cuña delgada y vertical para representar el número 1: ❚ , y una cuña gruesa horizontal para el número 10: ◀ . Dichas cuñas se ditribuían en grupos para indicar los números 2-9 y 20-50. No obstante, este patrón se detiene en 59, y la cuña delgada toma entonces un segundo significado, el número 60.

Se cree que esto da razón para que el sistema de numeración babilónico sea de base 60, o sexagesimal. Es decir, el valor de un símbolo puede ser un número, o 60 veces dicho número, o 60 veces 60 veces dicho número, dependiendo de la posición del símbolo. Esta situación es muy similar a nuestro sistema decimal, en el que el valor de un símbolo se multiplica por 10, o por 100, o por 1.000, dependiendo de su posición.

Al respecto, si comparamos este sistema con el nuestro, notaremos que no sólo utilizamos diez símbolos para representar números arbitrariamente grandes: igualmente utilizamos los mismos símbolos para representar números arbitrariamente pequeños. Usamos el signo llamado "coma decimal". De esta forma, cuando colocamos las cifras del lado izquierdo de la coma, estos representan números enteros, y si los colocamos a la derecha de la coma representan fracciones.

De hecho, estas fracciones especiales son los múltiplos de una décima, una centésima y así sucesivamente. Así pues, la cifra 36,47 nos indica 3 decenas +6 unidades + 4 décimas + 7 centésimas. Esta misma situación era ya conocida por los babilonios y lo utilizaron con un resultado extraordinario en sus observaciones astronómicas. Diferentes estudios señalan al equivalente babilónico de la coma decimal por un punto y coma (;), pero ésta es una "coma sexagesima" y los múltiplos a su derecha son múltiplos de 1/60, (1/60 x 1/60) = 1/3600 y así sucesivamente. Como ejemplo, la lista de números 12, 59; 57, 17 significa 12 x 60 + 59 + 57/60 + 17/3600

Como se mencionó anteriormente, la representación de los números por parte de los babilónicos se hacía por medio de cuñas (cuneiforme); es así como el número 1 era representado por una cuña sencilla, y el número 10 por una especie de flecha que apuntaba hacia la izquierda. La representación babilónica de los números del 1 al 59 se conseguía adicionando sucesivamente, hasta 5 flechas y 9 cuñas.

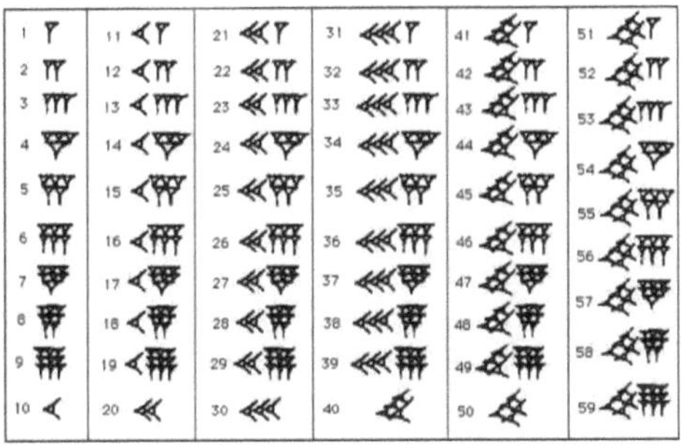

Figura 23: Representación Babilónica de Números
Fuente: Tomado de Internet

Anteriormente se trató muy brevemente las fracciones cuando fueron expuestos algunos resultados del periodo antiguo de Egipto. En el caso de los babilonios, las utilizaron por primera vez hace aproximadamente 4000 años. Su sistema de numeración, como se indicó era sexagesimal, y todas sus fracciones fueron utilizadas con ese punto de partida. Además, este sistema fraccionario les permitió hacer aproximaciones de raíces muy precisas. Corrales (2022) afirma que el sistema de notación fraccionario utilizado por los babilonios fue el mejor que se había desarrollado hasta el Renacimiento.

Observe que el número sesenta posee muchos divisores, por lo que el uso de la base
sexagesimal facilitaba en gran medida las operaciones con fracciones.

Al respecto, Ortiz (2005) comenta que el llamado sistema **Akkadian**, cuyos símbolos numéricos son muy similares a los de la tabla anterior, es el desarrollo aritmético
más alto de los babilonios y utilizaba notación posicional. En la aritmética, algunas
fracciones recibieron símbolos únicos. Por ejemplo,

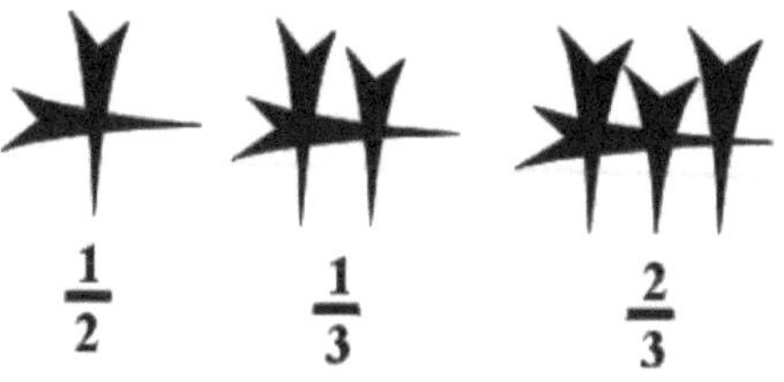

Figura 24: Representación Babilónica de fracciones
Fuente: Historia de la matemática

Se observa que la notación se basaba simplemente en la disposición inclinada de uno
de los símbolos. Un ejemplo de su forma de trabajar su sistema de numeración en base
60, lo expone Fernández (2010) quien hace una comparación con nuestra base 10, para
un mejor entendimiento. Así por ejemplo vemos que en base diez, cada número toma
un significado distinto según sean sus posiciones:

$$7235, 25 = 7 \cdot 10^3 + 2 \cdot 10^2 + 3 \cdot 19 + 5 \cdot 10^0 + 2 \cdot 10^{-1} + 5 \cdot 10^{-2}$$

Ahora bien, para escribir números en notación sexagesimal, sigue ciertos criterios,
no obstante cada criterio no está estandarizado para representar números en notación
sexagesimal y varía según el autor o grupo de trabajo que lo elabora:

- Separar por un punto bajo cada una de las posiciones

- Usar la coma para indicar que la posición del número es inferior a un número
  entero.

Luego, siguiendo un esquema semejante al número en base decimal podemos situar en casillas las cifras de un número en base sesenta:

$$1,2,31,24,6,36 = 1 \cdot 60^3 + 2 \cdot 60^2 + 31 \cdot 60^1 + 24 \cdot 60^0 + 6 \cdot 60^{-1} + 36 \cdot 60^{-2}$$

Así tenemos:

60^3	60^2	60^1	60^0	60^{-1}	60^{-2}
1	2	31	24	6	36
Número en base sexagesimal					

Ahora, se recordará como se realiza la conversión del número 7235.25 de base 10 a base 60.

Parte Entera

1. División entera: Dividimos 7235 entre 60 y anotamos el cociente y el residuo.

$$7235 \div 60 = 120 \quad \text{(cociente)} \quad \text{con un residuo de} \quad 35$$

2. Repetimos el proceso con el cociente obtenido hasta que el cociente sea 0.

$$120 \div 60 = 2 \quad \text{(cociente)} \quad \text{con un residuo de} \quad 0$$

$$2 \div 60 = 0 \quad \text{(cociente)} \quad \text{con un residuo de} \quad 2$$

Por lo tanto, los residuos de las divisiones en orden inverso nos dan la parte entera en base 60: 2,0,35.

Parte Fraccionaria

Para la parte fraccionaria, 0,25:

1. Multiplicamos por 60:

$$0,25 \times 60 = 15$$

Como hemos alcanzado un número entero, terminamos aquí.

Por lo tanto, la parte fraccionaria en base 60 es 15.

Resultado Final

Juntamos la parte entera y la parte fraccionaria:

$$7235,25 \text{ en base } 10 \text{ es } 2,0,35,15 \text{ en base } 60.$$

Esto se puede leer como 2 unidades de 60^2, 0 unidades de 60^1, 35 unidades de 60^0, y 15 unidades de 60^{-1}.

Es de notar que los babilónicos no utilizaban ningún símbolo para representar el número cero, es decir, no tuvieron un símbolo para expresar al *espacio vacío*, lo que produjo ciertas ambigüedades en la representación de ciertos números. Para Ortíz (2005), en vez del cero, los babilonios utilizaban un espacio blanco (de cierta amplitud). Por ejemplo, los símbolos ⟨Y pueden significar al número 11, al número $11 \cdot 60$, al número $11 \cdot 60^2$, ... Posteriormente, para el lugar del cero usaban al símbolo ⟨.

Por ejemplo, $7424_{(60)} = 2 \cdot 60^2 + 3 \cdot 60^1 + 33$

Además de lo anterior, es necesario destacar que la cultura babilónica se caracterizó por ser cuna de grandes matemáticos, que lograron realizar operaciones aritméticas con facilidad, a pesar de no contar con un algoritmo para la división; además, resolvían ecuaciones de segundo, tercero y cuarto grado, lo mismo que sistemas de ecuaciones. Calcularon sumas de progresiones aritméticas, algunas geométricas e incluso, trabajaron con sucesiones de cuadrados.

Se dice que los escribas babilónicos eran expertos en el asunto del cálculo, la clave de su éxito radicaba en las tablillas, pues debían aprenderse de memoria grandes listas de cálculo para así poder aplicarlas en problemas de todo tipo.

Los textos matemáticos babilónicos en su mayoría se especializan en el manejo de muchos problemas para la apropiación de los conceptos, en ningún momento se enunciaba el método general o alguna demostración de un teorema. Bastaba con presentar cientos de ejemplos en los cuales solo se variaban los coeficientes del problema, que normalmente eran sobre el manejo de series de números y relaciones geométricas.

En geometría, los babilonios conocían las propiedades de los triángulos semejantes, además, podían calcular la longitud de la diagonal de un rectángulo, lo que nos indica ellos conocían las ternas pitagóricas y las raíces cuadradas.

El álgebra en la antigua Babilonia

En las tablillas encontradas con contenido matemático relacionado con el álgebra, aparecen gran cantidad de problemas que muestran el conocimiento obtenido por los babilónicos en cuanto a la solución de ecuaciones de primer y segundo grado.

En este sentido, de acuerdo con Mayoral (2009) la ecuación de segundo grado se planteaba a menudo como la solución de dos ecuaciones con dos incógnitas, de la forma:

$$x + y = a$$
$$x \cdot y = b$$

donde x, y, evidentemente son las soluciones de la ecuación cuadrática: $z^2 - za + b = 0$ Note que si $y = a - x$ y sustituyendo en $x \cdot y = b$ tenemos:

$$x(a - x) = b \Leftrightarrow x^2 - ax + b = 0$$

La raíz cuadrada en la antigua Babilonia

En los conocimientos babilónicos sobre geometría se resaltan:

1. El uso del teorema de Pitágoras

2. El calculo del área de figuras sencillas.

El teorema de Pitágoras usado por los Babilónicos.: El uso del Teorema de Pitágoras se remonta al año 1700 a.C, es decir unos 1200 años antes del nacimiento de Pitágoras. Una traducción de una tableta de arcilla babilónica que se conserva en el Museo Británico dice lo siguiente:

- 4 es el largo y 5 la diagonal. ¿Cuál es el ancho? Su tamaño es desconocido.

- 4 veces 4 es 16.

- 5 veces 5 es 25.

- Restas 16 de 25 y quedan 9.

- ¿Cuántas veces cuánto debo tomar para obtener 9?

- 3 veces 3 es 9.

- 3 es el ancho.

Además, en la Tablilla YBC 7289 que se encuentra en la Universidad de Yale y que data de aproximadamente 1600 a.C, aparece un cuadrado dibujado y los triángulos rectángulos resultantes de trazar las diagonales.

Figura 25: Tablilla babilónica representativa de la raíz cuadrada de 2
Fuente: Tomado de Internet

Como se observa, resulta interesante destacar que los babilonios estudiaron al número $\sqrt{2}$. Tal número lo representaron en la forma . Las tablas babilónicas del (YBC 7289) (c. 2000 -1650 a. C.) otorgan una aproximación de la raíz cuadrada de dos en cuatro dígitos sexagesimales (El sistema sexagesimal es un sistema de numeración posicional que emplea como base la cifra sesenta) que es análogo a seis cifras decimales:

$$1 + \frac{24}{60} + \frac{51}{60^2} + \frac{10}{60^3} = 1,41421296$$

Se destaca el hecho de que esta aproximación de $\sqrt{2}$ es bastante superior a la que obtuvieron los griegos muy posteriormente.

Por otra parte, La tablilla Plimptom es el documento matemático más importante de la antigua Babilonia. Está fechada entre 1900 y 1600 a.c. y ha sido descrita por varios historiadores, siendo muy significativa la interpretación que dieron en 1945 Neugebauer y Sachs en su libro Mathematical Cunei- form Texts. La tablilla Plimpton parece un simple registro de cuentas de operaciones comerciales, pero los intérpretes han querido ver una descripción empírica de números pitagóricos e incluso de primitivas tablas trigonométricas.

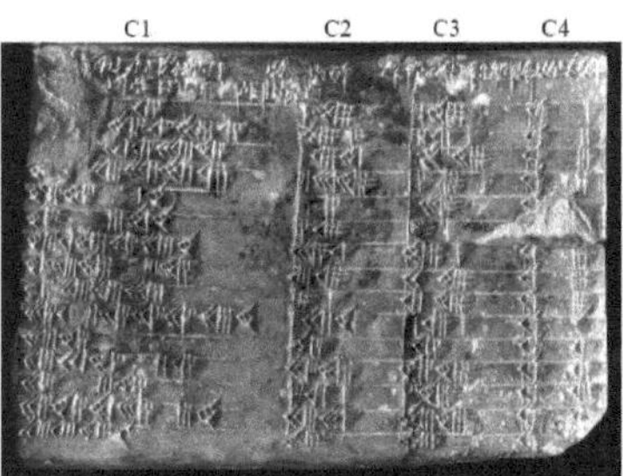

Figura 26: Tablilla de Plimptom
Fuente: Tomado de Internet

Fernández (2010) señala que el descifrado inicial de la tablilla corresponde a Neugebauer y Sach, que lo publicaron en Mat-hematical Cuneiform Text, en 1945. Se trata de una tablilla con 4 columnas (C 1 - C 4) por 15 filas (más una que sirve de encabezado). Para proceder a la interpretación considere el siguiente triangulo rectángulo, que representa geométricamente la terna pitag(a, b, c):

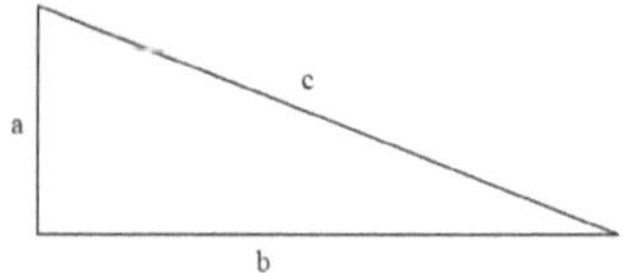

Figura 27: Interpretación tablilla de Plimptom 1
Fuente: Elaboración Propia

- C 4: La última columna etiqueta con un número de orden (de1 a 15) cada fila.

- C 2: Aparece uno de los catetos (por ejemplo "a ").

- C 3: Se refiere a la hipotenusa "c".

- C 1: Hace referencia a la expresión (c/b)2.

$(c/b)^2$	a	c	C4
1,59.0.15	1.59	2.49	1
1,56.56.58.14.50.6.15	56.7	1.20.25	2
1,55.7.41.15.33.45	1.16.41	1.50.49	3
1,53.10.29.32.52.16	3.31.49	5.9.1	4
1,48.54.1.40	1.5	1.37	5
1,47.6.41.40	5.19	8.1	6
1,43.11.56.28.26.40	38.11	59.1	7
1,41.33.59.3.45	13.19	20.49	8
1,38.33.36.36	8.1	12.49	9
1,35.10.2.28.27.24.26	1.22.41	2.16.1	10
1,33.45	45	1.15	11
1,29.21.54.2.15	27.59	48.49	12
1,27.0.3.45	2.41	4.49	13
1,25.48.51.35.6.40	29.31	53.49	14
1,23.13.46.40	56	1.46	15

Figura 28: Interpretación tablilla de Plimptom 2
Fuente: Elaboración Propia

El valor de cada cateto "b" viene determinado mediante la operación pertinente entre las columnas primera y tercera. Se observa que la razón c/b corresponde actualmente con la cosecante, por tanto, se considera esta tablilla como una forma temprana e incipiente de trigonometría, sin llegar a exagerar innecesariamente esta circunstancia como el nacimiento de dicha disciplina matemática.

Haciendo el cambio a notación decimal (véase la tabla siguiente) y calculando los ángulos, vemos que se corresponden con ángulos que van desde unos 45° hasta unos 58°

a	b	c	α
119	120	169	45°19'10,704"
3367	3456	4825	45°59'47,186"
4601	4800	6649	46°17'0,738"
12709	13500	18541	46°58'17,707"
65	72	97	47°73'59,894"
319	360	481	48°36'26,355"
2291	2700	3541	49°54'46,935"
799	960	1249	50°18'16,167"
481	600	769	51°22'33,656"
4961	6480	8161	52°45'1,546"
45	60	75	53°10'24,491"
1679	2400	2929	55°1'55,225"
161	240	[illegible]	[illegible]
1771	2700	3229	56°59'2,844"
56	90	106	58°8'44,199"

Figura 29: Interpretación tablilla de Plimptom 3
Fuente: Elaboración Propia

La matemática en la antigua Grecia: En la actualidad la historia le asigna a las Matemáticas el carácter de ciencia deductiva, título del legado indiscutible de la civilización griega del periodo clásico, comprendido del 600 a.C. al 300 a.C., aproximadamente. El mejor ejemplo de estas matemáticas se halla en Los Elementos de Euclides (aproximadamente 325-265 a.C.), trabajo que revela parte de los progresos obtenidos por esta civilización durante el antedicho período, y que constituyó por dos milenios en el modelo de trabajo matemático, con sus rasgos distintivos de axiomatización y el uso de la demostración como medio de validación de las enunciaciones matemáticas (o teoremas) establecidas. Además, para los llamados griegos clásicos el estudio de las matemáticas era imprescindible para el desarrollo de las capacidades intelectuales del hombre, en particular, del hombre de estado.

Este hecho es importante de rescatar, pues para otras culturas de la antigüedad como la cultura china o la hindú, por citar algunas, estas no consideraron a la matemática como un saber fundamental, trayendo como consecuencia un estancamiento en todas las ciencias y técnicas de dichas culturas.

Para la cultura griega clásica, debido a la influencia fundadora de Pitágoras de Samos

(569-475 a.C., aproximadamente) y su escuela, la matemática era consideraba como la ciencia apta para la interpretación intelectual del mundo como un sistema racional, ordenado y armonioso, nada caótico, caprichoso y arbitrario.

Por lo tanto, puede decirse que este desarrollo matemático fue impulsado gracias al punto de vista filosófico pitagórico, en el cual todo en la naturaleza era expresable en términos de números enteros positivos y de relaciones entre ellos, es decir, todo se resume a números.

Sin embargo, esta particularidad sufre un fuerte revés con el descubrimiento de los números irracionales, que provoca la primera gran crisis en la matemática. Esta situación desata en los griegos, una búsqueda por lograr absorber este golpe a su filosofía pitagórica, esto genera el desarrollo de un mayor conocimiento matemático por parte de varios pensadores que se preocuparon por adaptar la idea de irracional a la teoría matemática del momento.

Así lo afirman García (2009) al señalar con respecto a la inconmensurabilidad:

> La cuestión de la inconmensurabilidad la sacaron del dominio de la teoría de números o aritmética griega y la llevaron a los terrenos de la geometría. En esta última rama enfrentaron la cuestión elaborando una teoría de proporciones, incluyendo magnitudes inconmensurables, que daba cabal cuenta matemática del tema; labor achacada por los historiadores a Eudoxo de Cnidos (ca. 390 a.C.- ca. 337 a.C.) y plasmada por Euclides en el libro X de su famosa obra.

(García: 62)

Se puede decir que la pertinencia del desarrollo de tal teoría nació del descubrimiento de que $\sqrt{2}$ no era el único número de su tipo, además, eran irracionales $\sqrt{3}$, $\sqrt{5}$, $\sqrt{6}$, $\sqrt{7}$, $\sqrt{8}$, $\sqrt{10}$, $\sqrt{11}$, $\sqrt{12}$, $\sqrt{13}$, $\sqrt{14}$, $\sqrt{15}$ y $\sqrt{17}$ como aparecen en algunos textos griegos.

Se sabe que Platón (428 a.C.-347 a.C.), pone en palabras de Teeteto:

> Teodoro nos enseñaba algún cálculo sobre las raíces de los números, demostrándonos que las de tres y de cinco no son conmensurables en longitud con la de uno, y en seguida continuó así hasta la de diez y siete, en la que se detuvo. Juzgando, pues, que las raíces eran infinitas en número, nos vino al pensamiento intentar el comprenderlas bajo un solo nombre, que conviene a todas.

(Platón: 9)

En esta misma linea, en el momento que Euclides publica sus Elementos, a comienzos del período alejandrino o helenístico (cerca del 300 a.C-600 d.C.), la teoría sobre las magnitudes inconmensurables ya formaba parte del conocimiento matemático de ese momento y era aceptado por la escuela matemática griega, lo cual fue plasmado en sus obras más conocidas: Elementos y Datos, donde desarrolla la teoría de los irracionales. Así pues, en los Elementos realiza un estudio de la mayoría de resultados referentes a estos que ya eran conocidos en dicha época.

Esta época histórica comienza con las conquistas de Alejando Magno, quien llega formar un gran imperio con una recién fundada capital en Egipto: Alejandría, y que intencionalmente, unificar la cultura griega con la del Cercano Oriente.

Como resultado de esto, la concepción teórica de los griegos clásicos se mezcla con la visión práctica de los babilonios y egipcios para producir un nuevo pensamiento matemático, el cual a pesar de tener un pragmatismo más geométrico (teórico) no dejaba de lado las aplicaciones prácticas de sus hallazgos teóricos.

Por su parte, García (2009) señala a manera de ejemplos de esta nueva actitud en la matemática alejandrina , en los casos de las obras de los matemáticos griegos Arquímedes de Siracusa (ca. 287-212 a.C.) y Apolonio de Perga (ca. 262- ca.200 a.C.). Misma

---

[1]En este trabajo se prefirió dejar a un lado el estudio de los Elementos de Euclides en forma detallada aunque en muchas partesse hace mención y se utiliza los resultados de Euclides y sus herramientas de trabajo.

actitud que se halla en aquellos que pretendían, al estilo clásico, estudiar matemáticamente la naturaleza y que al hacerlo afrontaron la resolución de problemas que requerían el manejo operatorio de datos cuantitativos, como fueron los casos de los astrónomos Hiparco de Nicea (ca. 180- ca. 125 a.C.) y Claudio Ptolomeo (ca. 85- ca. 165 d.C.). Situación que conlleva al hecho de que, al aplicar las matemáticas surgió el problema de calcular datos cuantitativos que no correspondían a números racionales, como fue el caso para π, por lo que en la practica se debía conformarse con aproximaciones calculadas con técnicas derivadas del conocimiento teórico y no del conocimiento empírico. Así, se tiene que entre estos escenarios se dieran aproximaciones de raíces cuadradas de números que no eran cuadrados perfectos, es decir, irracionales, y el ejemplo por excelencia lo constituye el método diseñado por Herón de Alejandría (ca. 10 - ca. 75 d.C.), del cual se expondrá en este trabajo.

Herón de Alejandría

Figura 30: Herón de Alejandría
Fuente: Tomado de Internet

Herón de Alejandría nace probablemente alrededor del año 10 en Alejandría (Egipto), donde llevó a cabo la mayor parte de su trabajo, y falleció hacia el año 75 también en Egipto. Escribió por lo menos 13 obras (algunas de ellas son claramente libros de texto) sobre mecánica, matemáticas y física en general. Inventó varios instrumentos mecánicos, gran parte de ellos para uso práctico, diseñando más de 100 maquinas con diferentes utilidades.

Sin embargo, es conocido sobre todo como matemático, tanto en el campo de la geometría (calculo de áreas de triángulos, cuadriláteros y polígonos regulares y áreas y volúmenes de prismas, pirámides, cilindros conos y esferas) como en el de la geodesia (rama de las matemáticas que se encarga de la determinación del tamaño y configuración de la Tierra).

Su tratado principal sobre la medición, Métrica, se compone de tres libros, y en todos ellos se da el respaldo teórico de las formulas empleadas por lo que no son simples enumeraciones de reglas a emplear; además, no emplea en sus ejemplos medidas sino números sin unidades de medición. En el libro 1 Herón presenta una formula, demostrada matemáticamente, para calcular el área de un triangulo a partir de sus tres lados, que hoy lleva su nombre aunque ya se sabe que es debida a Arquímedes. La llamada fórmula de Herón es $A^2 = s(s-a)(s-b)(s-c)$ donde s es el semiperímetro, es decir, $s = (a+b+c)/2$. Es importante destacar que esta formula prevalece en la actualidad y la encontramos en todos los manuales de geometría utilizados en secundaria.

Además, siendo una formula aplicable para cualquier triángulo el resultado de la multiplicación no tenía que ser siempre un cuadrado perfecto sino que podía no serlo. Por tanto, para obtener el área del triangulo A hay que calcular la raíz cuadrada del resultado de dicha multiplicación, y en el caso de que este no fuese un cuadrado perfecto, Herón en su libro propone una técnica para aproximar la raíz cuadrada. Dicha técnica se estudiará más adelante básicamente por ser un método accesible para estudiantes de secundaria, su interpretación geométrica y su alto grado de aproximación.

Las matemáticas en la China: A lo largo de la historia, las matemáticas chinas han evolucionado de manera autónoma, sin una influencia directa de otras civilizaciones. Esto se debe en gran parte a la ubicación geográfica de China, a las barreras de comunicación de la época y a la manera particular en la que los chinos integraban aspectos de culturas extranjeras durante las invasiones. En contraste con las matemáticas griegas, no existe el desarrollo axiomático. El concepto de prueba matemática en China es muy diferente al de los griegos, no obstante, resulta sorprendente su enfoque y los resultados obtenidos. Cabe aclarar de hecho que no es fácil establecer los comienzos de su origen.

Según el historiador chino Ling Wang los comienzos de la matemática china se remonta al siglo XVI a.C., en este desarrollo, se utilizó siempre el sistema decimal, los números jeroglíficos y dispositivos especiales de cálculo, nudos, tableros, escuadra, regla, compás.

En la antigua China, al igual que en Egipto y Babilonia, los libros de matemáticas consistían en recopilaciones de problemas prácticos, en las que se presentaba el problema, la respuesta y, en ocasiones, el método para llegar a la solución. A pesar del descubrimiento en 1984 del Suan shu shu (Un libro de aritmética), un texto fechado en los alrededores del año 180 a.C., nuestro conocimiento de las matemáticas chinas antes del 100 a.C. es muy limitado. Se encontró cerca de Jiangling, en la provincia de Hubei, y está escrito en tiras de bambú. Hoy en día apenas se conservan rastros de textos escritos durante la dinastía Han, pero el emperador Shih Huang-ti, de la dinastía Chin, ordenó que fueran quemados en el año 213 a.C. Posteriormente, durante la siguiente dinastía Han, los matemáticos se vieron obligados a reescribir los libros antiguos. Entre los trabajos más destacados se encuentran el Zhou bi suan jing (El Clásico de la Aritmética del Gnomon, citado anteriormente, y los Caminos Circulares del Cielo), a veces conocido como Chou Pei Suan Ching, y el Chiu chang suan shi (Los Nueve Capítulos sobre el Arte Matemático), también llamado Jiu zhang suan shu.

La exposición en ellos es dogmática: se formulaban las condiciones del problema y se dan las respuestas. Después de exponer una serie de problemas de un mismo tipo se da un algoritmo de resolución que consta en una regla general, sin embargo no aparece la deducción de esta regla.

Al respecto, "La Matemática en nueve capítulos" fue reelaborada a través de toda la Edad Media, este libro llegó a ser una enciclopedia matemática de consulta no solo en China sino también en los países vecinos como por ejemplo en Vietnam y en algunas partes de la India.

De acuerdo con Ríbnikov (1987) el valor de $\pi = 3$ es usado en el primer capítulo y parece que proviene de tiempos muy remotos. No obstante los matemáticos chinos de esa época podían calcular con mayor precisión el valor de π. Así, por ejemplo, para el siglo I de nuestra época, en las obras de Lin Sing se puede hallar el valor de $\pi = 3{,}1547$, en el siglo II, en los manuscritos de ChisanHen, tenemos que $\pi = \sqrt{10}$. Para el siglo III, calculando el valor de los lados de polígonos inscritos, Liu Hui encontró que $\pi = 3{,}14$, para ello, partió de la idea de que el área del círculo se aproxima por defecto por las áreas de los polígonos inscritos. Para el caso de la aproximación por exceso al área de estos polígonos se suman las áreas de los rectángulos circunscritos en torno a los restantes segmentos. En el siglo V Tsu Chung-Chih encontró para π dos valores de las fracciones convenientes: $\dfrac{22}{7}$ y $\dfrac{385}{113}$, dando una aproximación para el valor de π hasta una séptima cifra: $3{,}1415926 < \pi < 3{,}1415927$.

Se expone a continuación los siguientes problemas, tomados de la obra en mención:

Problema 36 (capítulo I). Dado un campo en forma de segmento circular de base $78\tfrac{1}{2}$ y de altura $13\tfrac{7}{9}$ hallar el área.

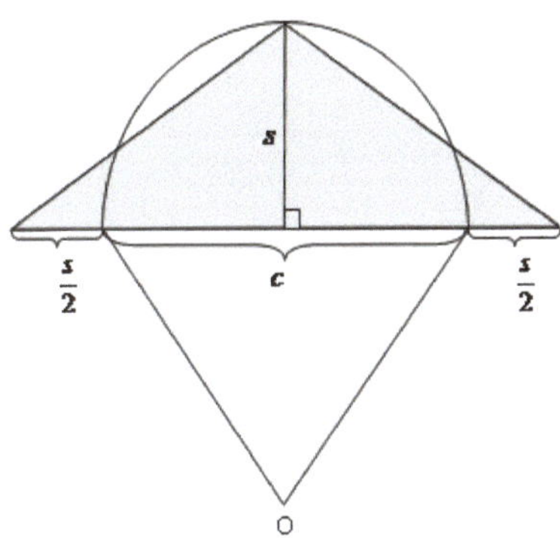

Figura 31: Sagita
Fuente: Elaboración Propia

A la altura se le llamaba antiguamente Sagita (De Sagitario) a la base se le llama cuerda. Para el área de un segmento circular en función de y los chinos usaban la fórmula:

$$A = s\frac{c+s}{2}$$

La fórmula exacta para calcular el área del segmento circular con recursos modernos se puede expresar

$$A = \left[\arccos\left(\frac{c^2-4s^2}{4s^2+c^2}\right)\right]\left(\frac{4s^2+c^2}{8s}\right)^2 - \frac{c\left(\frac{4s^2+c^2}{8s}-s\right)}{2} =$$
$$\left(\arcsin\frac{4cs}{4s^2+c^2}\right)\left(\frac{4s^2+c^2}{8s}\right)^2 - \frac{c\left(\frac{4s^2+c^2}{8s}-s\right)}{2}$$

Problema N°11 (Capítulo IV). Determinar las dimensiones de una puerta conociendo la diagonal y la diferencia entre el largo y el ancho. Con la notación actual el problema se reduce a dos ecuaciones:

$$x^2 + y^2 = c^2 \qquad x - y = k$$

Lo cual se escribe como:

$$2x^2 + 2kx + k^2 - c^2 = 0$$

En el texto se escribe:

$$X_{1,2} = \sqrt{\frac{c^2 - 2(\frac{k}{2})^2}{2}} \pm \frac{k}{2}$$

En el tratado no aparecen deducciones ni demostraciones de supone que los valores anteriores los obtuvieron de la siguiente forma:

$$X_{1,2} = z \pm \frac{k}{2}$$
$$X_1^2 + X_2^2 = 2z^2 + 2\frac{k^2}{2} = c^2$$

De donde:

$$Z = \sqrt{\frac{c^2 - 2(\frac{k}{2})^2}{2}}$$

Problema N°15 (Capítulo IV). Dado un campo cuadrado de área $567752\frac{1}{2}$

¿Cuál es la longitud del campo?: En el cuarto libro llamado el Shao - Huan o para otros autores: Distribución por progresiones se proponen y resuelven problemas en que intervienen números irracionales como por ejemplo:

1. Extracción de raíces cuadradas y cúbicas.

2. Dado un cuadrado de área dada calcular el lado.

3. Cálculo del radio de un círculo dada su área.

Los métodos para extraer raíces usadas por los chinos son semejantes a los hace muchos años aprendían los estudiantes en los primeros años de secundaria.

Se sabe que los antiguos chinos conocían muy bien el teorema de Pitágoras. En el último capítulo (Gou Gu) del Jiuzhang suanshu, como se indicó previamente, se muestran veinticuatro problemas relacionados con las propiedades de los triángulos rectángulos. En la China antigua, la base de un triángulo rectángulo se le conocía como *kou o gou*, la altura *ku o gu*, y la hipotenusa *hsian oxian*.

Liu Hui (ca. siglo III d.C.) fue un matemático chino quien hizo un importante avance matemático en un comentario al Jiuzhang suanshu o Nueve capítulos del arte matemático alrededor del 263. En particular su comentario del problema presentado en Gou Gu, describe la solución al problema del triángulo rectángulo mediante un diagrama y se convierte en evidencia de que la antigua China reconoció el teorema de Pitágoras. En él, Liu emplea dicho teorema para calcular la altura de objetos y la distancia a esos objetos que no se pueden medir directamente. Es importante mencionar que el diagrama incluye un cuadrado central de color amarillo, el cual no es mencionado en el comentario de Liu Hui sobre la demostración de la relación *gou-gu*. A pesar de esto, el diagrama sigue siendo relevante, como veremos a continuación. Primero, observa uno de los triángulos formados al dibujar la diagonal de un rectángulo; el lado más corto del triángulo es el lado gou, y el cuadrado en ese lado está coloreado en rojo. De manera similar, el lado más largo del rectángulo corresponde al lado *gu* del triángulo, y el cuadrado en ese lado está coloreado en azul verdoso.

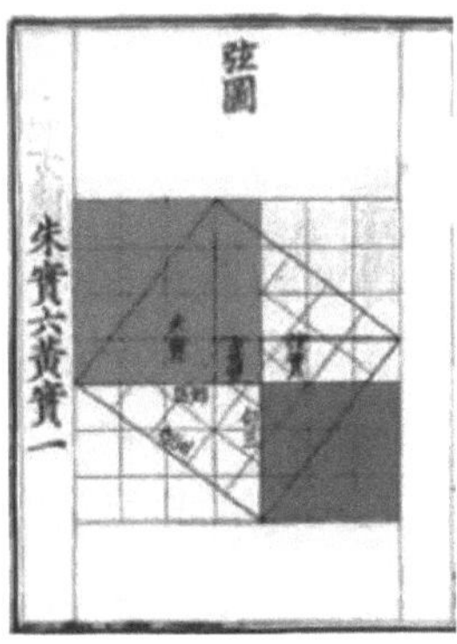

Figura 32. Representación en diagrama del argumento de Liu.
Fuente: Ancient China history-based task to support students' geometrical reasoning and
mathematical literacy in learning Pythagoras

Fachrudin et al (2019) exponen una interpretación geométrica del argumento de Liu
Hui que es una prueba del teorema de Pitágoras, la cual se presentamos a continuación.

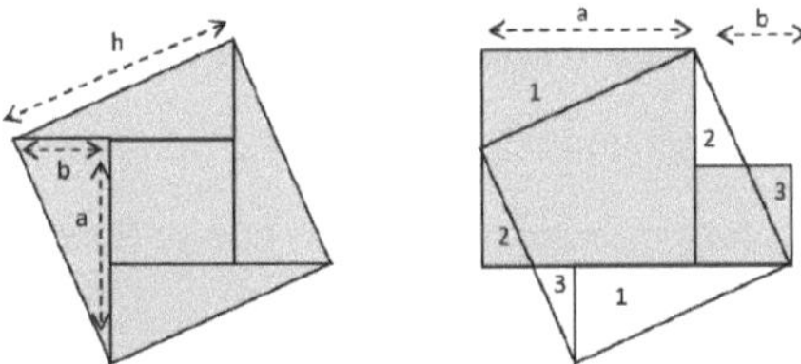

Figura 33: Representación en diagrama del argumento de Liu2.
Fuente: Ancient China history-based task to support students' geometrical reasoning and
mathematical literacy in learning Pythagoras

De Grecia a la antigua Roma: De acuerdo con lo expuesto anteriormente, la civilización griega alcanzó un lugar destacado en la historia de la humanidad, y en lo que
a este trabajo concierne, especialmente lo fue en las matemáticas. Aunque los griegos
absorbieron y adaptaron elementos de civilizaciones vecinas, lograron crear una cultura
original y sobresaliente la cual ha logrado mantener una influencia duradera en la cultura occidental moderna. Los orígenes de la cultura griega se remontan aproximadamente
al año 2800 a.C Los griegos emigraron a una región que podría haber sido su lugar de

nacimiento, conocida como Asia Menor, en Europa continental, lo que hoy es Grecia, y en el sur de Italia, Sicilia, Creta, Rododoara, Rosario, Madagascar y el norte de África El alfabeto fenicio fue introducido por los griegos aproximadamente en el año 775 a.C, reemplazando los sistemas de escritura jeroglífica que se utilizaban anteriormente; esto conlleva a que su cultura Los se volviera más educada, lo que les permitía estar mejor preparados para documentar su historia y sus pensamientos con la ayuda del alfabeto.

Al respecto, Gil (s.f) señala una importante división de períodos que enmarcan la historia de la matemática griega, la cual a juicio personal, constituye un conocimiento fundamental para todo educador en esta ciencia.

Dichos periodos se visualizan de la siguiente manera:

1. El período inicial se llama período jónico y se encuentra comprendido entre finales del siglo VII y mediados del siglo V. Se caracteriza por la formación de las matemáticas como ciencia independiente.

2. El segundo período duró aproximadamente entre el 450 y el 300 a.C. Se le llama período ateniense. Las matemáticas durante este período de la antigüedad alcanzó plenamente su estructura interna, describe lo que se llama álgebra geométrica.

3. En la tercera fase, el período helenístico comprende desde mediados del siglo IV hasta mediados del siglo II a.C. Aquí las matemáticas de la antigüedad tuvo su máximo apogeo, especialmente hasta el 150 a.C. A veces se le conoce como el período de Alejandro, porque es aquí donde Alejandría fue sin duda el punto focal del trabajo matemático del mundo antiguo.

4. El cuarto período se caracteriza por unas matemáticas en decadencia, consecuencia del declive en general que embargó a todas las ciencias por descomposición y el colapso de la sociedad esclavista; sin embargo, se rescata que importantes partes de las matemáticas antiguas han sobrevivido gracias a diferentes Sabios orientales.

De lo anterior resulta necesario señalar que aunque la antigua civilización griega existió hasta aproximadamente el año 600 d.C.;desde el punto de vista de la historia de las matemáticas, se pueden distinguir fácilmente dos espacios de tiempo fundamentales:

Clásico, del 600 a. C. al 300 a. C.y el Alejandrismo o helenismo, expuesto previamente. Además de contar con la adopción del alfabeto y la disponibilidad del papiro, que sin duda, permitió la difusión de sus ideas.

Cabe destacar que los matemáticos griegos se sobresalieron por su énfasis en las demostraciones deductivas, un avance único en comparación con otras civilizaciones. Mientras muchas culturas desarrollaron aritmética y geometría básicas, solo los griegos se centraron en llegar a conclusiones mediante el razonamiento deductivo. Esta práctica contrastaba radicalmente con los métodos tradicionales de adquirir conocimiento, que se basaban en la experiencia, la inducción, la analogía y la experimentación. Los griegos, en su búsqueda de verdades absolutas, comprendieron que el razonamiento deductivo era el único camino infalible para alcanzarlas. Para asegurar la solidez de sus conclusiones, establecieron axiomas explícitos al inicio de sus trabajos, permitiendo un examen crítico y fundamentado de sus bases.

A pesar de sus sorprendentes logros, las matemáticas griegas todavía tenían defectos. Sus limitaciones señalan el camino hacia el progreso, pero aún así no están abiertos para ciertas ideas. Gil (s.f) señala que la primera limitación es la incapacidad de reconocer el concepto de números irracionales. De hecho, se puede suponer que existían huellas en la antigua Grecia de lo que hoy conocemos como números irracionales, los cuales están fuertemente relacionados con la idea de inconmensurabilidad descubierta por los pitagóricos.

En esta línea, Arévalo (2011) sostiene que en las matemáticas modernas, las razones inconmensurables se expresan mediante números irracionales, pero los pitagóricos nunca habrían aceptado tales números. De hecho, anteriormente se expuso que los babilonios realmente trabajaron con tales números como una aproximación, aunque probablemente no sabían que tales fracciones nunca podrían ser exactas, del mismo modo los egipcios no aprendieron a reconocer la naturaleza especial de los irracionales.

Por ello, resulta interesante destacar que los pitagóricos al menos entendieron que las razones inconmensurables son de un tipo muy diferente a las a las razones conmensurables.

Se debe tener presente que los antiguos griegos separaron el estudio de las relaciones entre números de la aritmética práctica. La primera se llamó aritmética, mientras que al cálculo se le llamó logística. Es interesante observar que esta división continuó hasta finales del siglo XV, y la aritmética actual se refiere a la logística griega, mientras que la teoría de números se refiere a la aritmética de los griegos. Recordemos que dos segmentos son conmensurables si es posible encontrar, en un número finito de pasos, un segmento que sirva de unidad común para los dos segmentos dados. La acción de encontrar dicha medida común da significado al verbo conmensurar(*del latín commensurāre*).

Este descubrimiento planteó un problema central en las matemáticas griegas. Hasta entonces los pitagóricos reconocían el número y la geometría, pero la presencia de causas desproporcionadas destruyó este reconocimiento. No se detuvieron en considerar todo tipo de razones de longitudes, áreas y proporciones geométricas, sino que se limitaron únicamente a la consideración de razones numéricas. Resulta importante conocer la idea central del pensamiento pitagórico, en el cual los números eran la esencia de todas las cosa, lo cual forma parte integral de la correspondencia entre aritmética y geometría. Así, en la escuela de Pitágoras, las magnitudes comenzaron a compararse entre sí en el sentido de magnitud. Trataron cuantitativamente la comparación de magnitudes, por lo que consideraron que cada par de magnitudes era comparable. Sin embargo, se cree que Hipaso de Metaponto, quien formaba parte de dicha escuela (siglo VI a.C.), supuestamente descubrió la existencia de cantidades no conmensurables y las llama cantidades inconmensurables.

Cabe señalar dicho descubrimiento da origen a lo que conocemos como números irracionales; como consecuencia, generó una ruptura paradigmática respecto a la importancia de la geometría por encima de la aritmética, dejando huella en la teoría matemática y filosófica.

En esta línea, Cardona & Muñoz (2018) al señalar:

> La revelación hipasiana de la existencia de segmentos inconmensurables (es decir, que no se pueden conmensurar) fue, según Merzbach & Boyer (2011), "... de significación devastadora para la filosofía de Pitágoras" (p. 65). Según la leyenda, tales segmentos ponían en tela de juicio todo lo construido por los pitagóricos, quienes basaban sus teorías en propiedades y relaciones de segmentos múltiplos de una unidad dada, o bien en divisiones finitas de dicha unidad. Lo inconmensurable se presenta entonces como lo impensable.

(p : 14)

En la misma linea, Pineda & Náñez (2020) señalan que para los antiguos griegos, la medición era la comparación y el proceso de comparar dos cantidades. Se le conocía como *antiphaisresis*, y consiste en hacer restas sucesivas hasta encontrar una magnitud que logre medir las dos partes indicadas, es decir, dadas dos magnitudes una magnitud mide a otra cuando la primera cabe un número natural de veces en la segunda. Actualmente esto es: Un segmento (magnitud) A mide a otro segmento B, si se tiene que $B = nA$, para algún número $n \in \mathbb{N}$.

Ahora bien, si se diera que para dos magnitudes A y B esto no sucede, se busca una magnitud C que las mida a las dos, es decir que $A = nC$ y $B = mC$, donde $n, m \in \mathbb{N}$. Esto es una forma de determinar el número de veces que C está en A y B respectivamente. Si traducimos esto a nuestro lenguaje matemático tenemos: Dos segmentos (magnitudes) A y B son conmensurables, si existen números n y m tales que $nA = mB$.

Fácilmente podemos ver que $A = \dfrac{m}{n}B$, no obstante en la antigüedad griega la expresión $\dfrac{m}{n}$ carecía de significado, pero cobra sentido con la incorporación de los números racionales.

Finalmente, con el descubrimiento de lo inconmensurable, todas las demostraciones pitagóricas, que comparaban proporciones de cantidades geométricas, se vieron afectadas y tuvieron que ser reconstruidas. Esto permite entender el sigilio sobre la idea de irracional por parte de los pitagóricos y la leyenda del castigo por revelarla. Leyendas y conjeturas aparte, el descubrimiento de las cantidades irreductibles provocó un escándalo lógico en todos los círculos pitagóricos, lo cual era comprensible, ya que exigía una revisión completa de sus fundamentos matemáticos y filosóficos, pero no fue sólo la cuna de la geometría griega.Considero muy necesario, hacer un breve repaso del tema de los inconmensurables, pues el mismo, como se indicó, marcó un punto de inflexión en el desarrollo matemático y filosófico de la antigua Grecia.

Raíz cuadrada de dos (constante pitagórica)

Figura 34: Pitágoras
Fuente: Tomado de Internet

Nació en la isla de Samos, actual Grecia, 582 a.C.- y murió en Metaponto, hoy desaparecida, actual Italia alrededor del 497 a.C. Filósofo y matemático griego, su condición de fundador de una secta religiosa propició la temprana aparición de una tradición legendaria en torno a su persona.

La primera parte de su vida la pasó en Samos, la isla que abandonó unos años antes de la ejecución de su tirano Polícrates, en el 522 a.C. Viajó a Mileto, para visitar luego Fenicia y Egipto; en este último país, cuna del conocimiento esotérico, se le atribuye haber estudiado los misterios, así como geometría y astronomía.

La comunidad liderada por Pitágoras acabó, por convertirse en una fuerza política aristocratizante que despertó la hostilidad del partido demócrata, de lo que derivó una revuelta que obligó a Pitágoras a pasar los últimos años de su vida en Metaponto.

La comunidad pitagórica estuvo rodeada de misterio; parece que los discípulos debían esperar varios años antes de ser presentados al maestro y guardar siempre estricto secreto acerca de las enseñanzas recibidas. Las mujeres podían formar parte de la sociedad; la más famosa de sus adheridas fue Teano, esposa del propio Pitágoras y madre de una hija y de dos hijos del filósofo.

El pitagorismo fue un estilo de vida, inspirado en un ideal austero y basado en la comunidad de bienes, cuyo principal objetivo era la purificación ritual (catarsis) de sus miembros a través del cultivo de un saber en el que la música y las matemáticas desempeñaban un papel importante. El camino de ese saber era la filosofía, término que, según la tradición, Pitágoras fue el primero en emplear en su sentido literal de "amor a la sabiduría". Los pitagóricos dividieron el saber científico en cuatro ramas: La aritmética o ciencia de los números- su lema era todo es número -, la geometría, La música y la astronomía.

La perfección numérica, para los pitagóricos, dependía de los divisores del número. Estudiaron propiedades de los números que nos son familiares actualmente, como los números pares e impares, números perfectos, números amigos, números primos, números figurados: triangulares, cuadrados, pentagonales.

El número $\sqrt{2}$

La raíz cuadrada de 2 fue posiblemente el primer número irracional conocido por los pitagóricos. Ocultaron su descubrimiento por razones místicas. Geométricamente es la longitud de la diagonal de un cuadrado de medida la unidad.

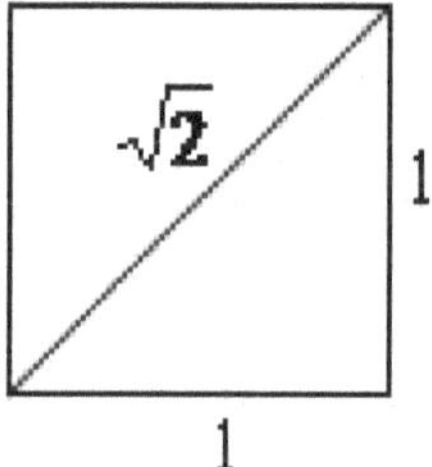

Figura 35: Número raíz de 2
Fuente: Elaboración Propia

El hallazgo de la raíz cuadrada de 2 como un número irracional es atribuido en general al filósofo griego Hipaso de Metaponto. Fue el primero en promover la demostración de la irracionalidad. Se dice que descubrió la irracionalidad de la raíz de 2 cuando intentaba examinar una expresión racional de la misma. No obstante, Pitágoras creía en la definición incondicional de los números como media, y esto le forzaba a no creer en la objetividad de los irracionales. Por esta razón estuvo desde el comienzo en contra de tal manifestación, razón por la cual fue sentenciado a la condena capital por sus asociados pitagóricos.

Algunas representaciones de $\sqrt{2}$: Una aproximación a la raíz aparece en la antigua India en los textos matemáticos, Sulbasutras. Dicha aproximación es la siguiente:

1. $1 + \dfrac{1}{3} + \dfrac{1}{3 \cdot 4} - \dfrac{1}{3 \cdot 4 \cdot 34} = \dfrac{577}{408} \approx 1,414215686$

2. Como fracciones continuas: $\sqrt{2} = 1 + \cfrac{1}{2 + \cfrac{1}{2 + \cfrac{1}{2 + \dots}}}$

3. Como producto infinito:
$$\sqrt{2} = \left(1 - \frac{1}{4}\right)\left(1 - \frac{1}{38}\right)\left(1 - \frac{1}{100}\right)\dots$$
$$\sqrt{2} = \left(\frac{2 \cdot 2}{1 \cdot 3}\right)\left(\frac{6 \cdot 6}{5 \cdot 7}\right)\left(\frac{10 \cdot 10}{9 \cdot 11}\right)\left(\frac{14 \cdot 14}{13 \cdot 15}\right)\left(\frac{18 \cdot 18}{17 \cdot 19}\right)\dots$$

$$\sqrt{2} = \left(1 + \frac{1}{1}\right)\left(1 - \frac{1}{3}\right)\left(1 + \frac{1}{5}\right)\cdots$$

4. Con fórmulas de Taylor para funciones trigonométricas :

$$\sqrt{2} = 1 + \frac{1}{2} - \frac{1}{2 \cdot 4} - \frac{1 \cdot 3}{2 \cdot 4 \cdot 6} - \frac{1 \cdot 3 \cdot 5}{2 \cdot 4 \cdot 6 \cdot 8}\cdots$$

5. Métodos de Euler para la serie:

$$\sqrt{2} = \frac{1}{2} + \frac{3}{8} + \frac{15}{64} + \frac{35}{256} + \frac{315}{4096} + \frac{693}{16384}\cdots$$

El símbolo de la raíz cuadrada: $\sqrt{}$, fue introducido en 1525 por el matemático Christoph Rudolff para representar esta operación que aparece en su libro *Coss*, siendo el primer tratado de álgebra escrito en alemán vulgar. El signo no es más que una forma estilizada de la letra r minúscula para hacerla más elegante, alargándola con un trazo horizontal, hasta adoptar el aspecto actual, que representa la palabra latina radix, que significa raíz. También se conjetura que pudiese haber surgido de la evolución del punto que en ocasiones se usaba anteriormente para representarlo, donde posteriormente se le habría añadido un trazo oblicuo en la dirección del radicando.

Irracionalidad de $\sqrt{2}$: Demostración aritmética de la irracionalidad de raíz de 2.

Se asume que $\sqrt{2}$ es un número racional, es decir, se puede escribir de la forma:

$$\sqrt{2} = \frac{p}{q}$$

Con la condición que el máximo común divisor de p y q es 1.

Elevando al cuadrado y operando se obtiene: $2 = \dfrac{p^2}{q^2}$ por lo que $2p^2 = q^2$

Por tanto p^2 debe ser múltiplo de 2, lo que implica que p también es un múltiplo de 2.

Es decir, $p = 2k$ para un cierto k. Sustituyendo obtenemos: $2q^2 = (2k)^2$ y $q^2 = 2k^2$

Por lo que q^2 es múltiplo de 2, y por tanto también lo es q, lo cual implica una contradicción ya que $(p, q) = 1$.

$$\therefore \sqrt{2} \text{ es un número irracional}$$

Inconmensurabilidad de la diagonal de un cuadrado respecto a su lado:

Conmensurabilidad de dos segmentos

Dos segmentos cualesquiera son conmensurables si existe una unidad de medida común. Por ejemplo, considere los segmentos A y B de la siguiente figura.

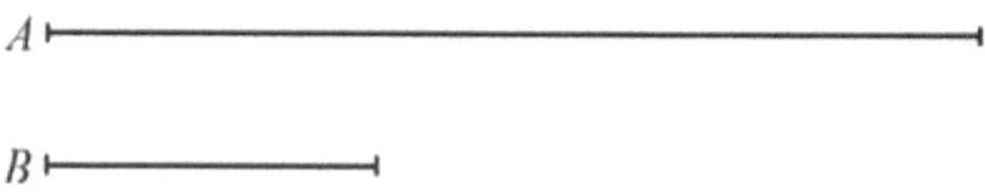

Figura 36: Dos segmentos Conmesurables
Fuente: Elaboración Propia

¿Qué quiere decir que dos segmentos tienen una medida común?

En primer lugar obsérvese que el segmento B es de menor tamaño que el segmento A, por lo cual (ver figura 4.9) podemos incluir el primero dentro de éste tantas veces como quepa. Este caso particular muestra que B cabe dos veces dentro de A, pero deja un restante: un pequeño segmento C que, como es natural, es menor que B. Podemos, por lo tanto, incluir a C dentro de B, tantas veces como quepa (en este caso, una) lo que deja un remanente, un segmento D menor que C. Repetimos el procedimiento colocando D dentro de C las veces que sea posible (en este caso, cuatro) y vemos que ya no queda remanente ninguno. En consecuencia, el segmento D es medida común de los segmentos A y B pues está contenido un número entero de veces en cada uno de ellos: 14 veces en el primero y 5 en el segundo.

La aparición de los números inconmensurables: La aparición de las magnitudes inconmensurables marcó cambio radical en la evolución histórica de la Geometría griega, ya que puso fin al sueño filosófico pitagórico acerca del número como esencia del universo, eliminó de la Geometría la posibilidad de medir siempre con exactitud y fue lo

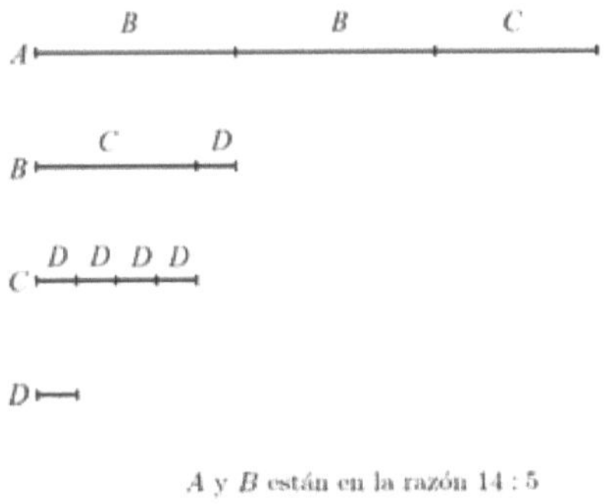

Figura 37: Dos segmentos Conmesurables 2
Fuente: Elaboración Propia

que imprimió a la Matemática griega una orientación geométrico-deductiva plasmada en la compilación enciclopédica de Los Elementos de Euclides. Los inconmensurables conducen a un trastorno lógico que estremece los cimientos de la Geometría griega, ya que al invalidar todas las pruebas pitagóricas de los teoremas que utilizaban proporciones producen la primera crisis de fundamentos en la Historia de la Matemática.

El descubrimiento de la inconmensurabilidad marca un hito en la Historia de la Geometría, porque no es algo empírico, sino puramente teórico. Su aparición señaló el momento más dramático no sólo de la Geometría pitagórica sino de toda la Geometría griega, y fue con seguridad lo que imprimió a la Matemática griega un cambio de rumbo que la convertiría en la obra de ingeniería geométrico-deductiva plasmada en Los Elementos de Euclides.

Demostración geométrica de la inconmensurabilidad de la diagonal del cuadrado respecto a su lado

La demostración de la inconmensurabilidad de la diagonal de un cuadrado respecto a su lado, se tomará como referencia la realizada por Tom Apóstol en el año 2000. Sin pérdida de generalidad, considérese un cuadrado de lado de longitud 1

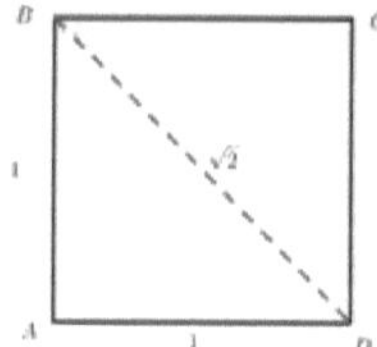

Figura 38: Cuadrado de lado 1
Fuente: Elaboración Propia

La demostración se lleva a cabo por reducción al absurdo. Suponga que existe una unidad de medida $l_n \neq 0$ común que divide a 1 y a $\sqrt{2}$

Consideremos el triángulo rectángulo isósceles DAB .

Con radio de medida 1 se traza un arco que corte la hipotenusa $\overline{BD}$ en un punto F .

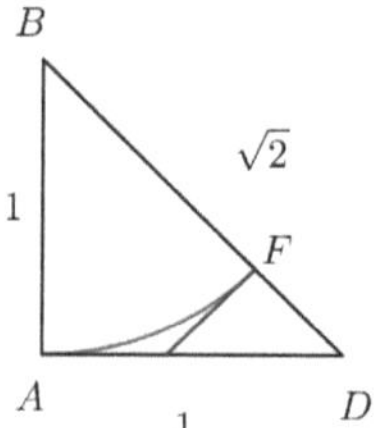

Figura 39: Demostración 1
Fuente: Elaboración Propia

Por F se traza el segmento $\overline{FE}$ perpendicular a $\overline{BD}$.

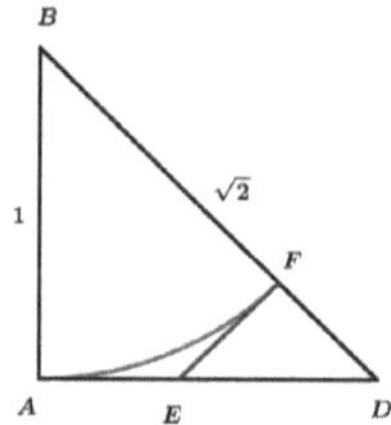

Figura 40: Demostración 2
Fuente: Elaboración Propia

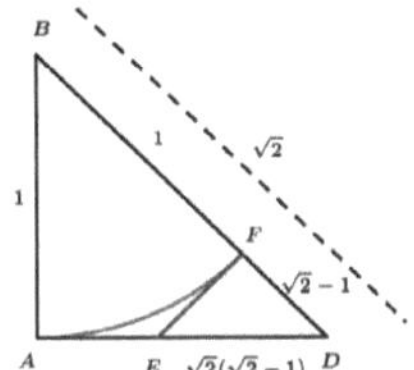

Figura 41: Demostración 3
Fuente: Elaboración Propia

Es evidente que el triángulo EFD es rectágulo en F e isósceles.

Nótese entonce que l_n cabe k veces en $\sqrt{2} - 1$ Realizando el proceso anterior en el triángulo EFD , se obtiene los siguientes datos.

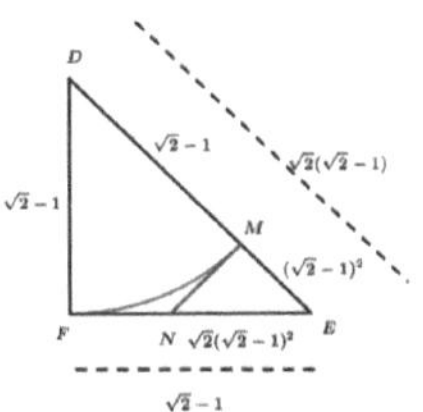

Figura 42: Demostración 5
Fuente: Elaboración Propia

Nótese entonce que l_n cabe t veces en $\left(\sqrt{2} - 1\right)^2$

Realizando este proceso en forma reiterada, podemos concluimos que en las longitudes de las hipotenusas y de los catetos de los sucesivos triángulos obtenemos una sucesión estrictamente decreciente

Iteraciones	1	2	3	4	...	n
l_n	1	$\sqrt{2} - 1$	$(\sqrt{2} - 1)^2$	$(\sqrt{2} - 1)^3$	...	$(\sqrt{2} - 1)^n$

$l_n : \left(\sqrt{2} - 1\right)^{n-1}$ aplicando límite al infinito, se obtiene:

$$\lim_{n \to \infty} l_n = 0$$

Esto implicaría que el segmento l_n dividiría simultaneamente al cateto y a la hipotenusa, lo que conlleva a la contradicción, puesse supuso que $l_n \neq 0$. Es decir estos dos segmentos no son conmensurables. Lo anterior conlleva al hecho histórico que la gran crisis pitagórica se produjo con la aparición de estas magnitudes inconmensurables. Desde el punto de vista pitagórico, si los números constituyeran el principio rector del universo, es natural suponer que son suficientes para el proceso de medición del tamaño. Se trata en sí proceso abstracto en el que se intenta comparar tamaños en términos de cantidad.

Por otra parte, entrando un poco con la matemática en la antigua Roma, Suárez et al (2023) exponen la idea de que los historiadores de las matemáticas suelen excluir a los antiguos romanos en sus trabajos, considerándolos pragmáticos en su aplicación de la disciplina y sin reconocer el conocimiento implícito en sus grandes construcciones. Surge la pregunta: ¿por qué no desarrollaron la matemática teóricamente, a pesar de estar bien familiarizados con las obras de los principales autores griegos y helenísticos? Es importante señalar que hay pocas fuentes disponibles sobre este tema, lo que requiere un enfoque diferente para su análisis.

Se sabe que los antiguos romanos hicieron avances significativos en ingeniería y arquitectura, creando innovaciones como fuentes públicas, baños comunitarios, complejos sistemas de drenaje, calzadas y monumentales edificaciones. Sus notables logros en campos como la salud y la infraestructura, así como sus impresionantes hazañas de la ingeniería romana parecen sugerir aplicaciones avanzadas de las matemáticas; esta idea no obstante, es incorrecta. De hecho, la contribución de los romanos a las matemáticas fue bastante limitada.

En esta linea, Lynch 2019 señala que:

Los romanos no estaban interesados en la investigación especulativa o lógica. Aplicaban regularmente matemáticas simples para resolver problemas prácticos. También necesitaban aritmética elemental para la vigilancia y la gestión del comercio y los impuestos, pero estaban satisfechos con reglas generales que exigían poco para comprender el gran cuerpo de estudios teóricos griegos.

$$(\mathrm{p} \cdot 1)$$

Los ingenieros y técnicos militares romanos sólo estaban interesados en las matemáticas simples que eran esenciales para resolver problemas prácticos. Curiosamente, tenían poco interés en la trigonometría griega, que podría haber sido muy útil en topografía, ingeniería y astronomía. Ignoraron la belleza de las matemáticas teóricas y la geometría que tanto valoraban los griegos de su época.

Tomemos en cuenta que a mediados del siglo I a.C., los romanos habían consolidado su control sobre los antiguos imperios griego y helenístico, Esto provocó que el desarrollo matemático de los griegos se detuviera. Aunque los romanos fueron el imperio dominante en la tierra, no ocurrieron innovaciones matemáticas bajo el su imperio y dentro de la República Romana, así como el no haber matemáticos de renombre.

Resulta interesante, de acuerdo con Lynch (2019) el hecho de que el calendario romano organizado por Julio César tenía un día bisiesto cada cuatro años en un ciclo anual de 365 días que implicaba complejos cálculos matemáticos. Pero este proyecto fue llevado a cabo por el astrónomo griego Socinio de Alejandría. Su plan permaneció en vigor durante 1.500 años hasta que fue reemplazado en el uso moderno por el calendario gregoriano.

Por otro lado, Se dice que en Roma existió un cero, pero no tenía números. El número romano cero se usa solo en sistemas numéricos. Posiciones como decimales. El número cero no importa. Escribe los términos y operaciones matemáticas. Pero la expresión verbal de cero se llama nulla o nihil, Significa "sin" en latín.

Además, se sabe que los romanos utilizaban un tablero de contar llamado "ábacus" , derivado del griego , que también hacía referencia a una mesa o tablero. Inicialmente los cálculos se hacían con pequeños guijarros redondos llamados cálculos. De la época romana se conocen cinco ábacos, incluidas versiones pequeñas de bronce. Pero entre los antiguos romanos la palabra ábacus, presentaba varios significados pertenecientes a distintos campos como las matemáticas, la arquitectura, la decoración del hogar, la recreación, etc., aunque básicamente todos se refieren a objetos formados por plantas rectangulares.

Es necesario destacar que al igual que los ábacos griegos antiguos, estos dispositivos romanos presentaban signos y columnas para representar números y sumas de dinero. No obstante, a diferencia de los ejemplares griegos que han sobrevivido, los cuales están hechos de losas de piedra, los ábacos romanos, como se indicó anteriormente, eran de bronce, lo que los hacía más fáciles de transportar. Además, el hecho de que las fichas estuvieran fijadas en su lugar en vez de ser sueltas, facilitaba su uso, lo que sugiere que los ábacos fueron ampliamente utilizados, a pesar de que solo quedan unos pocos ejemplos reales.

En otro orden, Katz (2008) señala que el debate sobre si existió una "matemática romana" o si todo el conocimiento matemático bajo el Imperio Romano era simplemente una extensión de la "matemática griega" se ha discutido a menudo. Cicerón (106 a.C-43 a.C), un destacado orador romano, reconoció que los romanos no mostraban un interés profundo en las matemáticas, limitándose a su aplicación práctica para medir y contar. A pesar de esto, Cicerón, como magistrado y terrateniente, poseía las habilidades matemáticas necesarias para gestionar cuentas y detectar fraudes. Aunque es cierto que no hubo un equivalente romano a Euclides o Arquímedes, los romanos empleaban las matemáticas más allá de lo elemental. Afirma que el Imperio Romano se destacó por sus agrimensores, quienes trazaron extensas redes de carreteras y acueductos que aún perduran. Sin embargo, los manuales de agrimensura de la época revelan que estos profesionales utilizaban principalmente conceptos matemáticos básicos. Por ejemplo, Lucio Columela, un terrateniente romano del primer siglo d.C., enfatizó la importancia de conocer el cálculo de áreas para quienes trabajaban en la agricultura, proporcionando fórmulas simples para calcular áreas de figuras como cuadrados, rectángulos, triángulos y círculos. Además, describió métodos como $\left(\frac{1}{3} + \frac{1}{9}\right) \cdot s^2$ para calcular el área de un triángulo equilátero con lado s, y utilizó $\frac{22}{7}$ como una aproximación de π.

No obstante, este autor señala que Vitruvio, un escritor del siglo I a.C., contemporáneo de Julio César y Augusto, es un ejemplo de alguien con un conocimiento sólido de matemáticas. En su obra, Sobre la Arquitectura, insistía en que los arquitectos debían recibir una educación amplia que abarcara desde el dibujo técnico hasta la astronomía. Vitruvio destacaba la importancia de la geometría en la arquitectura, para el uso de herramientas como el compás y la regla, y la aritmética para calcular los costos de construcción. También explicó métodos prácticos como determinar el norte verdadero utilizando un gnomon y resolver problemas de simetría con principios geométricos. Aunque recomendaba conocimientos matemáticos, sobre la arquitectura contenía solo ejemplos básicos, sin profundizar en conceptos matemáticos avanzados.

Por su parte, Cuomo (2021) también hace referencia a Vitruvio, quien lo identifica además de escritor, como arquitecto e ingeniero militar. En su única obra, "La Arquitectura", abarca diversos temas, destacando las máquinas y los relojes de sol en el libro 10. En este trabajo, las matemáticas desempeñan un papel crucial en su trabajo, ya que las utiliza para trazar planos de edificios, determinar la dirección de los vientos, calcular las proporciones de los elementos de un templo a partir de un módulo estándar, construir vasos resonadores para amplificar voces en teatros según los principios de la armonía, y elaborar un analema, que es la base de los relojes de sol. Además, Vitruvio proporciona medidas preestablecidas para catapultas, calculadas según el peso del proyectil, para ayudar a aquellos que no están familiarizados con procedimientos geométricos a obtener esta información rápidamente durante un asedio.

Este mismo autor, hace relevancia sobre el papel de la matemática dentro de la cotidianidad en el imperio romano, para ello se refiere a Marcus Junius Nipsus (siglo II d.C.) quien fuera escritor gromático romano quien también se ocupó de diversas cuestiones matemáticas. De sus escritos supervivientes se conservan el *Corpus Agrimensorum Romanorum*, una recopilación de obras latinas sobre agrimensura. Para Cuomo (2021), la importancia de Marcus Junius Nipsus se atribuye a que este es un gran devoto de que el agrimensor tenga conocimientos matemáticos. En su trabajo "Medición de una superficie", se logra apreciar definiciones de medidas y ángulos, seguidas de una serie de problemas, la mayoría sobre triángulos como "dado un número impar, forma un triángulo rectángulo", "dado un número par, formar un triángulo rectángulo". Al respecto, tenemos el siguiente fragmento de la obra de Marcus Junius Nipsus:

medir el área de todos los triángulos mediante un único método, digamos, rectángulo, acutángulo y obtusángulo. Lo des-
cubriríamos de esta manera. Yo uno en uno los tres números
de cualquiera de los tres triángulos. Es decir, el rectángulo,
cuyos números se dan, el cateto 6 pies, la base 8 pies, la hipotenusa 10 pies, uno estos tres números en uno, y suman 24.
De esto siempre tomo la mitad. Resulta 12. Esto lo aparto, y
de este número, es decir, de 12, resto los ⟨otros⟩ números in-
dividuales. Resto 6: pongo el resto debajo de 12. De manera
análoga resto la base, 8 pies, de 12: pongo el resto debajo de
6. Resto la hipotenusa, 10 pies, de 12, el resto es dos, lo pongo debajo de cuatro. Luego multiplico 6 por 4. Da 24. Esto lo
multiplico por 2, y da 48. Esto lo multiplico por 12. Da 576.
De esto tomo la raíz, y da 24. Será el área. Y el área de los
otros triángulos será calculada de la misma manera.

(Cuomo (2021): 171)

Conclusiones

En esta fascinante exploración de la historia y los orígenes de los números, se ha revisado brevemente cómo diversos sistemas numéricos han influido en el desarrollo humano. Desde el impresionante sistema jeroglífico egipcio hasta el avanzado sistema sexagesimal babilónico, pasando por complejas resoluciones hindúes y chinas, cada método ilustra la creatividad y adaptabilidad de las civilizaciones antiguas frente a los retos cotidianos. Por ejemplo, los egipcios crearon un sistema decimal usando jeroglíficos para representar números como diez, lo cual facilitó la contabilidad y la construcción de sus grandes edificaciones. Por otro lado, los babilonios emplearon un sistema sexagesimal, base de nuestras actuales medidas de tiempo y ángulos, destacándose en el manejo de fracciones.

En cuanto a los romanos, aunque su contribución matemática no fue tan teórica como la de los griegos, su enfoque práctico fue crucial. Los romanos eran expertos agrimensores que utilizaron matemáticas básicas para gestionar su vasto imperio. Desarrollaron métodos sencillos pero efectivos para medir terrenos, calcular áreas y construir infraestructuras como carreteras y acueductos. Los ábacos romanos, hechos de bronce con fichas fijas, eran herramientas prácticas para cálculos y registros en comercio y administración. Aunque los manuales de agrimensura romanos usaban métodos relativamente simples, como los descritos por Marcus Junius Nipsus para medir ríos, eran adecuados para las necesidades de su tiempo. Esto demuestra que, a pesar de no tener una teoría matemática avanzada, los romanos integraron la matemática en su vida cotidiana de manera muy funcional.

Un aspecto igualmente notable es la matemática china antigua, que se remonta a más de 4,000 años y muestra una riqueza y originalidad propias. Los antiguos matemáticos chinos hicieron contribuciones significativas en aritmétic" (Los Nueve Libros de Matemáticas) evidencian un entendimiento profundo y práctico de las matemáticas, incluyendo conceptos avanzados como la teoría de ecuaciones y la regla de tres. Además, los chinos ya estaban familiarizados con el teorema de Pitágoras mucho antes de su formulación for", donde se describen las propiedades de los triángulos rectángulos. Los antiguos chinos también desarrollaron métodos para calcular raíces cuadradas con notable precisión, utilizando procedimientos iterativos que anticiparon técnicas posteriores.

Comprender la historia de los números y sus sistemas ayuda a los educadores a enseñar a los estudiantes la importancia de la flexibilidad y la innovación en la resolución de problemas matemáticos. Esta perspectiva histórica también revela cómo diferentes culturas, incluida la china, han aportado al conocimiento matemático que hoy en día damos por hecho. Este entendimiento permite a los docentes subrayar la relevancia de conceptos como las aproximaciones decimales, el valor de π y las raíces cuadradas, que son fundamentales no solo en la teoría matemática, sino también en aplicaciones prácticas en ingeniería y ciencia. En particular, el valor de π ha sido objeto de estudio e investigación durante siglos, desde las primeras aproximaciones en Egipto y Babilonia hasta las estimaciones más precisas en épocas posteriores. Así, los educadores pueden motivar a los estudiantes a apreciar tanto la historia como las aplicaciones actuales de las matemáticas, desarrollando una comprensión que va más allá del material del libro de texto.

Aunque en este análisis se ha tocado brevemente la riqueza de las matemáticas griegas, es importante reconocer que su profundidad y amplitud merecen una atención más detallada. Los griegos realizaron aportaciones significativas con figuras destacadas como Euclides, Pitágoras y Arquímedes, estableciendo las bases de muchas ramas de las matemáticas modernas. Desde la geometría hasta la teoría de números, la influencia de las matemáticas griegas es extensa y significativa. Por ello, se ha decidido reservar un análisis más exhaustivo de las contribuciones griegas para futuras publicaciones, con el fin de comprender mejor el impacto y el legado de estos pioneros del pensamiento matemático.

En resumen, el estudio de la historia de los números y los sistemas de conteo no solo ofrece una visión del desarrollo cultural y tecnológico humano, sino que también resulta crucial para la educación matemática contemporánea. Este conocimiento ayuda a entender cómo el pensamiento matemático se ha convertido en una constante universal, adaptándose y evolucionando en diferentes contextos históricos y geográficos. Al incorporar esta perspectiva en la enseñanza, los estudiantes no solo adquieren habilidades matemáticas, sino también un profundo respeto por el legado intelectual de la humanidad. Esta visión histórica y contextual enriquece el aprendizaje y fomenta una comprensión duradera de la belleza y la utilidad de las matemáticas.

Para un docente de matemáticas, conocer la evolución y el impacto histórico de los sistemas numéricos y matemáticos no solo enriquece su propia comprensión del tema, sino que también ofrece herramientas para enseñar con mayor profundidad y contexto. Al integrar la historia de las matemáticas en la enseñanza, los docentes pueden ayudar a los estudiantes a conectar conceptos abstractos con sus aplicaciones históricas y culturales, promoviendo una apreciación más profunda de la materia. Además, este conocimiento permite a los educadores presentar las matemáticas no solo como un conjunto de técnicas y procedimientos, sino como una disciplina viva y en constante evolución, destacando cómo las ideas matemáticas han influido en el desarrollo humano a lo largo del tiempo.

Bibliografía

[1] Arévalo, N (2011). Análisis histórico-epistemológico del concepto de número irracional y los obstáculos presentes en su transposición textual (licenciatura). Universidad del valle. Https://core.ac.uk/download/pdf/157765269.pdf

[2] Beckmann, P. (2006). *Una historia de* π. México: Libraria, SA de CV.

[3] Berciano, A. (2007). *Matemáticas en el Antiguo Egipto*. Vasco.

[4] Caicedo, D., & Madrigal, G. (2017). *La historia de la matemática como recurso didáctico y alternativa de aprendizaje de los números irracionales* [Tesis de maestría inédita]. Universidad de Medellín. `https://repository.udem.edu.co/bitstream/handle/11407/4653/T_MEM_48.pdf`

[5] Cardona, S., & Muñoz, J. (2018). Episodios de la aventura de los irracionales en los albores de la modernidad [Tesis de Maestría, Universidad de Medellín]. https://repository.udem.edu.co/bitstream/handle/11407/6292/T_MEM_354.pdf?sequence=2&isAllowed=y

[6] Chaves, E., & Salazar, J. (2003). El papel y algunas condiciones para la utilización de la Historia de la Matemática como recurso metodológico en los procesos de enseñanza-aprendizaje de la Matemática. `http://cimm.ucr.ac.cr/ojs/index.php/eudoxus/article/download/109/102`

[7] Corrales, J. (2022). *Un paseo por el maravilloso mundo de los números: La historia como recurso didáctico en matemáticas* [Universidad de Alca-

lá]. `https://ebuah.uah.es/dspace/bitstream/handle/10017/53952/TFM_Corrales_Martinez_2022.pdf?sequence=1&isAllowed=y`

[8] Crespo, C. (2008). Acerca de la comprensión y significado de los números irracionales en el aula de matemática. `http://www.soarem.org.ar/Documentos/41%20Crespo.pdf`

[9] Cuomo, S. (2001). Ancient Mathematics. Routledge. https://doi.org/10.4324/9780203995730

[10] Everett, C. (2021). *Los números nos hicieron como somos*. Crítica, Barcelona.

[11] Eves, H. (1964). *An Introduction to the History of Mathematics*. New York: Rinehart & Winston.

[12] Fachrudin, A.et al (2019). Ancient China history-based task to support students' geometrical reasoning and mathematical literacy in learning Pythagoras. Journal of Physics Conference Series, 1417(1), 012042. https://doi.org/10.1088/1742-6596/1417/1/012042

[13] Fernández, E. (2010). Babilonia y las matemáticas en el aula. *Revista Digital de Ciencias Bezmiliana*. `https://www.clubcientificobezmiliana.org/revista/images/stories/babiloniamatematicasaula.pdf`

[14] García, G. (2009). Notas para una interpretación del método de Herón de Alejandría. https://semana.mat.uson.mx/semanaxxvii/Memorias/XIX.pdf .

[15] Gerván, H. (2015). La práctica matemática en el Antiguo Egipto: Una relectura del Problema 10 del Papiro Matemático de Moscú. *Edu.ar*. `https://revistas.unc.edu.ar/index.php/anuariohistoria/article/view/12511/12787`

[16] Gil, M. (s.f.). El ocaso de la matemática helena y la matemática en Roma. Universidad de Castilla-La Mancha https://matematicas.uclm.es/itacr/web_matematicas/trabajos/3/3_ocaso_matematica_helena.pdf

[17] Gillings, R. (1982). *Mathematics in the Time of the Pharaohs*. Courier Corporation.

[18] González, F., Martín-Loeches, M., & Pobes, E. (2010). Prehistoria de la matemática y mente moderna: Pensamiento matemático y recursividad en el paleolítico franco-cantábrico. *Dynamis, 30.* https://doi.org/10.4321/s0211-95362010000100007

[19] González, P. (2004). La historia de las matemáticas como recurso didáctico e instrumento para enriquecer culturalmente su enseñanza. http://www.revistasuma.es/index.php?option=com_docman&task=cat_view&gid=5&limitstart=5

[20] Guzmán, M. (2007). Enseñanza de las ciencias y la matemática. http://www.rieoei.org/rie43a02.pdf

[21] Ifrah, G. (1987). *From One to Zero: A Universal History of Numbers*. Penguin Books.

[22] Katz, V. (2008). A history of mathematics (3a ed.). Pearson.

[23] Lupiáñez, J. (2009). Historia de la Enseñanza de las Matemáticas. http://cimm.ucr.ac.cr/ojs/index.php/eudoxus/article/view/119

[24] Lynch, P. (2019, julio 4). What did the Romans ever do for maths? Very little. The Irish Times. https://www.irishtimes.com/news/science/what-did-the-romans-ever-do-for-maths-very-little-1.3940438

[25] Martínez, A. (2001). El diseño de pirámides basadas en el triángulo sagrado egipcio. *Boletín de la Asociación Española de Egiptología, 11,* 7-20. https://dialnet.unirioja.es/servlet/articulo?codigo=2613392

[26] Mayoral, C. (2009). *Propuesta metodológica para la aproximación de raíces cuadradas, cúbicas y quintas* [Tesis de maestría]. Universi-

dad Tecnológica de Pereira. https://repositorio.utp.edu.co/items/
d033574d-8366-41a6-9c13-b9dc72037715

[27] Miralles de Imperial, J., & Deulofeu, J. (2005). Historia y enseñanza de la matemática: Aproximaciones de las raíces cuadradas. *Educación Matemática, 17*(1), 87-106.

[28] Morales, L. (2002). Las Matemáticas en el Antiguo Egipto. http://euler.mat.
uson.mx/depto/publicaciones/apuntes/pdf/1-1-1-egipto.pdf

[29] Moreno, R. (2012). *Las Matemáticas de los faraones*. Nivola Libros y Ediciones, S.L.

[30] Ortiz, A. (2005). *Historia de la Matemática. Volumen 1: La Matemática en la Antigüedad*. Edu.pe. https://textos.pucp.edu.pe/pdf/2389.pdf

[31] Pineda, D. & Náñez, Y. (2020). Desarrollo histórico-epistemológico de los números irracionales. En Sigma eBooks (Vol. 16, Número 1, pp. 33-49). https://dialnet.unirioja.es/descarga/articulo/7667725.pdf

[32] Platón. (1990). Teeteto (Balasch, M.). Editorial Anthropos. (Trabajo original publicado en S.IV a.C)

[33] Peña, E. (2013). *Historia de Números*. Umag.cl. Recuperado el 2 de febrero de 2024, de https://kataix.umag.cl/~edopena/material/apuntes/

[34] Ribnikov, K.(1987). Historia de las matematicas. Moscu, Mir.

[35] Romero, J., et al. (2021). Análisis de ecuaciones algebraicas desde la cultura egipcia hasta la actualidad. *Zenodo (CERN European Organization for Nuclear Research)*. https://doi.org/10.5281/zenodo.5500693

[36] Sánchez, M. (2012). Pitágoras, el teorema de Pitágoras: un secreto encerrado en tres paredes. https://vivelacienciacom.wordpress.com/wp-content/
uploads/2020/05/13gic-pitagoras.pdf

[37] Sirotic, N., & Zazkis, R. (2004). Making Sense of Irrational Numbers: Focusing on Representation. In *Proceedings of the 28th International Conference for the Psychology of Mathematics Education*, Bergen, Norway, Vol. 4, pp. 497-505.

[38] Sirotic, N., & Zazkis, R. (2007). Irrational Numbers on the Number Line—Where Are They? *International Journal of Mathematical Education in Science and Technology, 38*(4), 477-488.

[39] Sirotic, N., & Zazkis, R. (2010). Representing and defining irrational numbers: Exposing the missing link. *CDMS Issues in Mathematics Education.*

[40] Stewart, I. (2008). *Historia de las matemáticas: En los últimos 1000 años.* Grupo Planeta (GBS). https://www.tomasdeaquino.cl/upfiles/documentos/31072018_853am_5b60780498062.pdf

[41] Suárez, J, Dávila, & Esquivel, A. (2023). Matemáticas en la antigua Roma, a través del estudio etnomatemático. Educateconciencia, 31(40), 101-126. *https ://doi.org/*10,58299*/edu.v*31*i*40,682

[42] Urbaneja, P. (2004). La historia de las matemáticas como recurso didáctico e instrumento para enriquecer culturalmente su enseñanza. *Suma: Revista Sobre Enseñanza y Aprendizaje de las Matemáticas, 45*, 17-28. http://funes.uniandes.edu.co/7239/

Printed by Books on Demand GmbH, Norderstedt / Germany